Cuadernillo JavaScript 2: Desarrollo Web en Entorno Cliente de una Calculadora.

Primera Impresión: 22-10-2017

ISBN 978-0-244-64152-8
Editorial: LULU.COM
www.baldoweb.net

Dedicado a los alumnos del IES Los Sauces (Benavente), que desde su modesta persona sin prepotencia ni arrogancia desean aprender, han conseguido su objetivo en la primera promoción DAW. A los compañeros que desde la sombra luchan cada día, contra el espíritu anodino de la sociedad y consiguen la integración de los titulados en el tejido productivo informático. A esos colegas de viaje que amenizan y diluyen los problemas laborales, adquiriendo un mayor enriquecimiento del conocimiento social y científico.

Es pilar fundamental ver la evolución del conocimiento adquirido cada día por mis hijos, que me ayudan a profundizar en los conocimiento de mi profesión y el fiel apoyo me mi mujer.

"Los mejores programadores no son sólo marginalmente mejores que los buenos. Se trata de un orden de magnitud mayor, medida por cualquier estándar: creatividad conceptual, velocidad, ingenio o habilidad para solucionar problemas"

Randall E. Stross

"Donde quiera que las personas inteligentes funcionan, las puertas están abiertas."

Steve Wozniak

Contenido

Tabla de Ilustracciones

PREFACIO

Este libro está desarrollado a partir de una práctica de asimilación de los contenidos impartidos a un grupo de Ciclo Formativo de Grado Superior en Desarrollo de Aplicaciones Web (DAW), en el módulo Diseño Web en Entorno del Cliente. El desarrollo se realiza en JavaScript, en entorno de programación y se utilizan casi todos los contenidos de la programación curricular del título, en la implementación de una aplicación completa, para ver su integración como objetivo final, tener una cualificación profesional y poder demostrar que se ha adquirido correctamente.

Las prácticas consisten en fijar un objetivo y por medio de la descripción de los contenidos explicar o tener toda la documentación necesaria para su realización. Para ello se han utilizado varias herramientas de desarrollo entre la más destacada Notepad++. Se han probado con los siguientes navegadores: Chrome, Chomium, Edge, Mozilla Firefox, Opera, Safari, Firefox Developer Edition.

Ciertos contenidos provienen de las páginas originales de las web como Developer Mozilla, W3C y otras páginas se toma la idea para poder realizar ciertas implementaciones, las imágenes hacen referencia al origen URL y a su propietario, con objeto de realizar un aprendizaje divulgativo y ciertas menciones a páginas que poseen información importante pero poseen su propio ©. Se mencionan como referencia.

La metodología que se emplea en el desarrollo de las prácticas es un metodología Constructivista, que parte de conceptos abstractos a lo concreto, "de lo conocido a lo desconocido", "de lo general a lo particular". Se parte de un conocimiento básico que evoluciona a una abstracción del objetivo final a lograr. Como aprendizaje inicial "conductivista" de las estructuras básicas, para que posteriormente el alumno sea capaz de aprender y deducir a partir de sus propias experiencias. Guiadas por el docente en los pasos imprescindibles para su implementación. Puede utilizarse tanto en formación a distancia, como en la enseñanza a personas autodidactas.

Entre los aspectos metodológicos que se persiguen esta la idea de que el alumno se considere parte de la actividad con implicación directa con el docente, fomentando el aprendizaje y mejorando el conocimiento en sí mismo, para implementar la abstracción del objetivo a desarrollar como aplicación terminal y personalizada.

SUPUESTO

OBJETIVO: Construir una calculador con HTML5 y utilizando JavaScript, para visualizar y controlar en ventanas del navegador y que permita el intercambio entre tres tipos de calculadoras: Calculadora básica, calculadora con memoria y científica, calculadora programada (con la conversión de sistemas de numeración).

Tipos de Calculadora:

a) Formato compato o única, integrando todo en un solo fichero .HTML con activación y desactivación de los botones, según el tipo de selección realizado.

b) Combinación de diferentes ficheros HTML, que se alternan en memoria en función de su selección.
   - Calculadora Básica.
   - Calculadora con Memoria.
   - Calculadora Programada.

Calculadora Básica

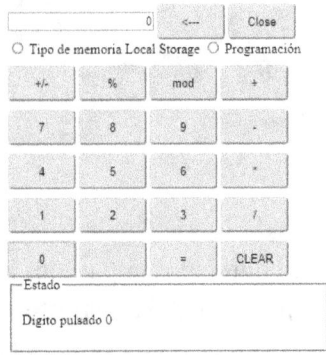

Calculadora con Memoria (utilizando…).

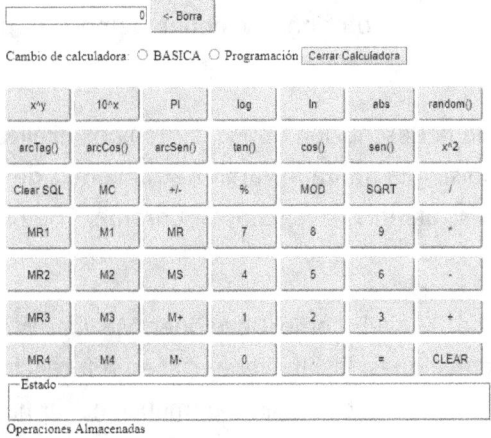

Calculadora de Programación

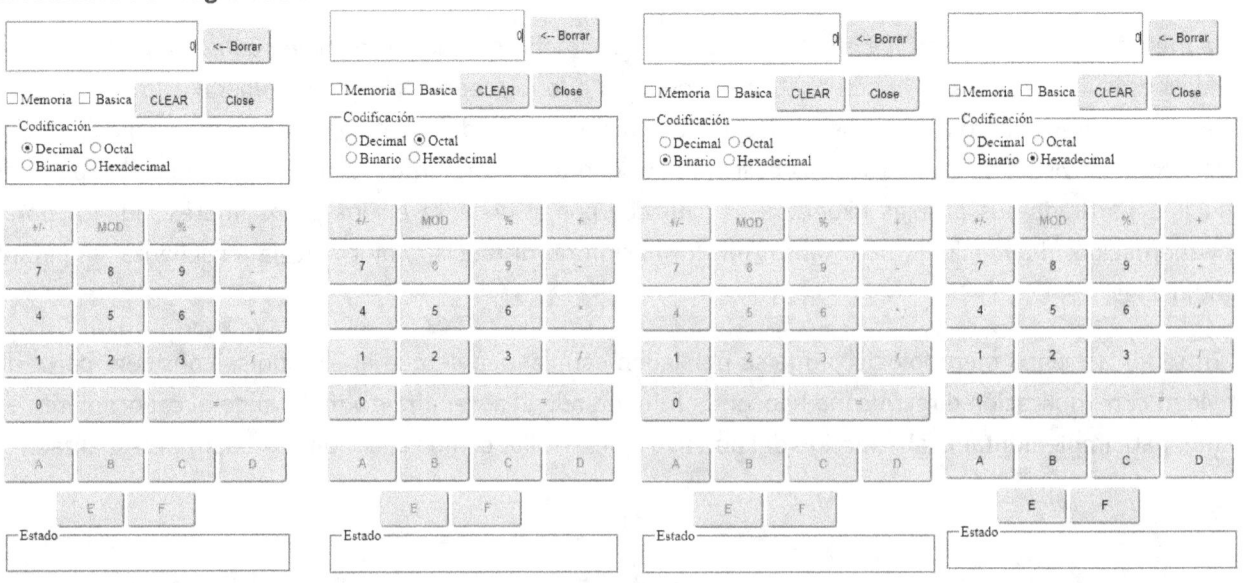

a) Codificación en Decimal: Solo permite tener activo los botones de los dígitos 0-9 y se desactivan las operaciones.

b) Codificación Octal: Activa los dígitos 0-7 y se desactivan las operaciones.

c) Codificación Binario: Activa solos los dígitos 0 y 1 y se desactivan las operaciones.

d) Codificación Hexadecimal: Activa los dígitos 0 a 9 y las letras de A, B, C, D, E, F.

Calculadora con operaciones trigonométricas.

Se integra en la calculadora de memoria, agregando los botones de la parte superior.

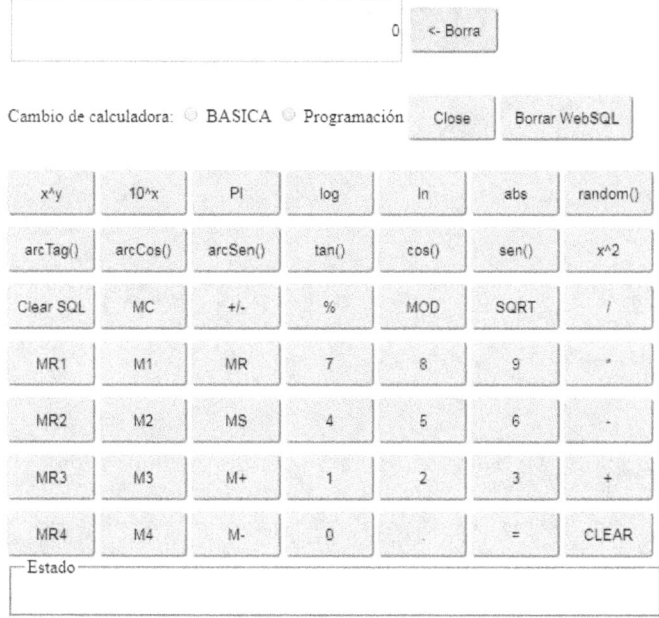

Operaciones Almacenadas WebSQL

Operaciones INDEXEDDB

a) Se incorporan funciones trigonométricas: seno, coseno, tangente, arco seno, arco coseno, arco tangente.
b) Se agregan funciones exponenciales: x^y, 10^x, Número elevado al cuadrado x^2, Valor absoluto, Logaritmo neperiano, Logaritmo en base 10, Se asigna un número y se obtiene un valor aleatorio, Se utiliza para realizar operaciones.

Estructura

-   **.html**: HyperText Markup Language (lenguaje de marcas de hipertexto), la versión utilizada es HTML5. Contiene el diseño de los botones y el campo INPUT de entrada de datos (Visor), etiquetas de áreas de visualización.
-   **.css**: Definiciones de botones, formato de los campos de visualización, porcentajes y dimensiones, colores y formas, imágenes de fondo.
-   **. js:** ficheros de librerías JavaScript, se incorporan al lenguaje HTML5, para la gestión; DOM, navigator, ...
-   **.xml:** Permita importar/exportar lista de operaciones.
-   **.appcache:** Fichero de manifiesto se carga en el fichero index.html HTML5, gestiona la carga de las conexiones no persistentes.

Implementación:

A lo largo del desarrollo de la calculadora se implementan en HTML, el control de formularios y gestión de eventos, la estructura de Manifiesto y el manejo de las Bases de Datos SQL y noSQL.

La Base de datos webSQL, es una BBDD SQL, los navegadores actuales incorporan el motor de SQLlitle, que permite su manejo.

La Base de datos IndexedDB, es una BBDD noSQL, basada en objetos. Se crea la Base de Datos, el Contenedor de objetos y los índices. Se realiza por mediación de objetos y el control de eventos por medio de manipuladores. Algunos de los objetos no funcionan en todos los navegadores, debido a que es una versión en fase de desarrollo, existe cierta dificultad en la implementación en Mozilla, que otros navegadores admiten en modo prueba y su interactividad tiene menores tiempos de actualización de los objetos.

Ilustración 1. HTML5

La parte de la calculadora implementada en las BBDD, corresponde al resultado de manejar dos operadores y una operación, se genera un índice autonumérico y se van almacenando y visualizando. En webSQL se utiliza la visualización y se permite borrar registro a registro o toda la BBDD. Respecto a IndexedDB, solo se encuentra implementadas las funciones de abrir, agregar y visualizar. El resto de las funciones se incorporarán en una segunda revisión que amplié los contenidos de este supuesto.

UNIDAD DE TRABAJO 1: CONSTRUIR LA CALCULARA BÁSICA.

PRÁCTICA 1: Construir el interfaz de la calculara básica.

PRÁCTICA 2: Definir las funciones de visualización.

PRÁCTICA 3: Definir la función de las funciones a ejecutar.

PRÁCTICA 4: Permitir definir y ejecutar operaciones decimales.

Contenidos:
- Etiqueta <SCRIPT> .
- Diseño del formulario HTML.
- Conversiones de tipo.
- Variables lógicas.
- Llamadas a una función.
- Lógica condiciones y operadores.

Sentencias:
if
switch
parseInt
parseFloat
function
break
console.log

PRÁCTICA 0: Cargar y ejecutar código JavaScript

DESCRIPCIÓN:

Existen tres tipos de ejecución de comandos <SCRIPT> : ficheros.js, Dentro de la etiqueta <script> y en la propia etiqueta:

Script externos o Ficheros externos, con la extensión .js

En este último caso (el más fácil de explicar), el script se salva en un file con extensión .js. Se invoca con el atributo **src** de la marca SCRIPT:

```
<SCRIPT Language=JavaScript SRC="nombreFichero.js">
<!--
//--></SCRIPT>
```

Donde la especificación de **Language** es opcional, ya que la misma extensión del fichero sirve para indicar el lenguaje utilizado. Se aconseja para identificar la versión. El nombre del file puede estar indicado con una URL relativa o absoluta.

Script internos

Si el script está dentro del documento, puede introducirse tanto en la sección de encabezamiento (entre las marcas <HEAD></HEAD>), como en la del cuerpo del documento (entre las marcas <BODY></BODY>), o en cualquier parte de las etiquetas HTML5 ().

Etiqueta <SCRIPT>

Los "navegadores" o visualizadores realizan la carga del documento web de forma secuencial, cuando el navegador se encuentra con una etiqueta de script y esta contiene el atributo src, puede provocar que si el script es muy lento en su ejecución o cuando se carga el script y este hace referencia a un elemento del documento web, que no ha sido cargado todavía, pueda producirse un error de ejecución en el documento.

Para evitar estas situaciones se ha de plantear donde situar los códigos de script, aunque inicialmente se plantea que estos se carguen en el encabezado, realmente se pueden cargar en cualquier parte del documento web. Por lo tanto es conveniente situar los script después de los elementos del documento web a los cuales hagan referencia. Una técnica muy utilizada era situar los scripts al final del documento web, antes de la etiqueta de cierre del mismo.

El formato de la etiqueta con todos sus atributos puede ser uno de los siguientes:

```
<script type="valor" src="URL" charset="valor" async></script>
<script type="valor" src="URL" charset="valor" defer></script>
<script type="valor" > Contenido código fuente script </script>
```

Entre sus atributos se encuentran los siguientes:

async   Se puede utilizar solo cuando el script es externo, es decir se ha especificado el atributo src, indicando que se cargue el script desde un documento exterior.

Es un atributo booleano, es decir está activado (true), si se especifica en la etiqueta y esta desactivado (false) si no se especifica.

Si el atributo se especifica los script del documento serán ejecutados de forma asíncrona, es decir se ejecutaran en el momento que tengan oportunidad y han sido cargados completamente antes de la carga de documento final. Esto no garantiza por tanto el orden de ejecución de los mismos.

defer   Se puede utilizar solo cuando el script es externo, es decir se ha especificado el atributo src, indicando que se cargue el script desde un documento exterior.

Es un atributo booleano complementario de *async*, está activado si aparece y desactivado si no lo hace. No es complementario del atributo *async*, hay que indicar que aparece un atributo u otro, no los dos a la vez.

Si se especifica el atributo los script del documento serán cargados y ejecutados, cuando se haya finalizado la carga del documento. De esta forma se garantiza que los scripts serán ejecutados en el orden en el que se han cargado dentro del documento web.

En el caso de no especificarse ninguno de los atributos los script son ejecutados en el momento de ser leídos en el orden natural de lectura del documento web, no garantizándose así que el script pueda dar problemas por referencias a elementos no cargados.

type   Permite especificar el tipo MIME del script. El tipo MIME está compuesto de dos partes una el tipo seguido de una barra y el subtipo. Por defecto el tipo MIME en caso de no especificarse es "text/javascript". Entre los posibles valores de este atributo se pueden encontrar las siguientes, siendo los más comunes:

Type	Descripción
text/javascript	Scripts en lenguaje javascript.
text/ecmascript	Especificación de lenguaje de programación publicada por ECMA International basado en javascript.
application/javascript	Igual que text/javascript, aunque es preferible utilizar el anterior.
text/vbscript	Especificación de lenguaje de programación interpretado basado en Visual Basic.

src   El atributo permite especificar la dirección URL del recurso al cual se quiere acceder, siendo en este caso el archivo que contiene el código de script a cargar en el documento web.

charset   Solo se ha de especificar en el caso de que se esté realizando la carga de un script externo mediante el atributo src. Sirve para especificar el juego de caracteres y codificación del archivo que se está cargando.

Ejecutar JS en la propia etiqueta HTML5.

Se indica en una asignación de un atributo dentro de la propia etiqueta, por ejemplo <input> , por antonomasia se emplea con el control de eventos, en el ejemplo se asocia al atributo onclick (evento onclick). La asignación va entre comillas y los propios comandos de javascript, precedidos de la palabra javascript: y los comandos JS a continuación, separándolos por punto y coma.

```
onclick="javascript:window.alert(uno.value); window.confirm(uno.value);"
```

La etiqueta quedaría de la siguiente forma:

```
<input  type="text"  name="uno"   value="1"
onclick="javascript:window.alert(uno.value); window.confirm(uno.value);"  />
```

En la etiquete <INPUT> se utiliza el atributo onclick y se incorpora código JavaScript en la propia línea. Visualizar en la consola el mensaje:

```
console.log('Has pulsado el boton de salir');
```

Se llama a la función cerrarTodo().

```
cerrarTodo();
```

La etiqueta <INPUT> quedaría de la siguiente forma

```
<input type="button" onclick="console.log('Has pulsado el boton de salir');cerrarTodo();"
value="Close" />
```

La ejecución del código JavaScript se ejecuta cuando se hace clic en el botón

PASO 1: Etiqueta <SCRIPT>

La etiqueta por defecto, se define dentro de HTML

```
<script    type="text/javascript>
<!--
        Código JavaScript
 -->
</script>
```

Las línea de comentarios se utilizaban para que los navegadores que ignoraban o no reconocían la etiqueta <script>, tomaran como líneas de comentario todo el bloque desde <!-- hasta --> . Si el navegador reconocía la etiqueta <script>, ignoraba el comienzo y final del bloque de comentario.

PASO 2: Etiqueta <NOSCRIPT>

Se especifica para los navegadores que no reconocen la etiqueta <SCRIPT>. Estos navegadores se denomian: navegadores alternativos, navegadores de Accesibilidad.

Es aconsejable utilizar ambas y que sea el navegador quien utilice una u otra.

Ej.:

```
<noscript>
        <p> Este navegador no soporta  la ejecución de JavaScript</p>
</noscript>
```

PRÁCTICA 1: Construir el interfaz de la calculara básica.

DESCRIPCIÓN:

Planteamiento del desarrollo de la calculadora en base a estos propotipos :

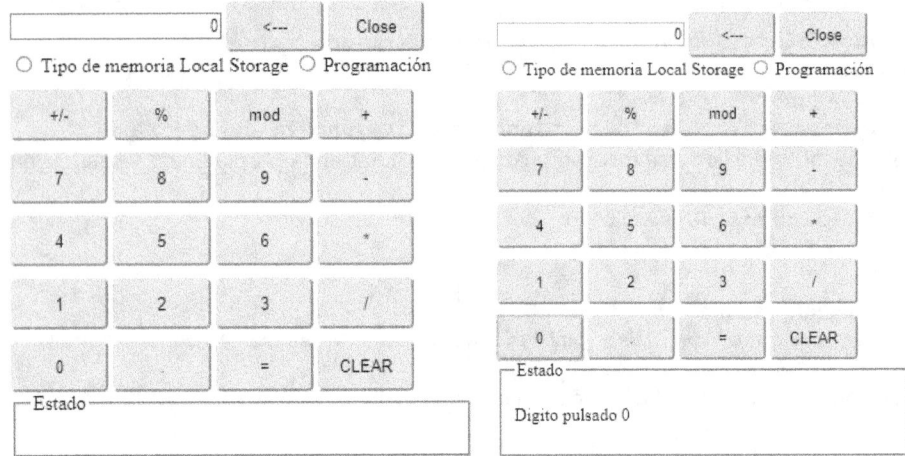

Los botones se diseñan por líneas. Se deben ajustar a las dimensiones de la ventana por defecto o con una dimensión concreta, para ello se utiliza el uso de CSS para redimensionar % o px de la letra y los botones.

PASO 1: Crear los botones en el formulario en HTML5

Se crea el fichero calculadoraBasica.html, en base a las especificaciones que se describen en la parte superior. Se define inicialmente en la cabecera del fichero dos estilos por defecto .botont{} #tamalegend{}.

En el cuerpo se define un formulario con un capo input como *display* y lo botones con los valros que van a pasar a la función con el tipo de operación o el tipo de digito que se ha pulsado, asociado al tipo de operador.

```
<!DOCTYPE html>
<html>
        <head>
                <style type="text/css">
                        .boton{
                                width:80px;
                                height: 40px;
                                margin-top: 10px;
                                border-radius: 4px ;
                        }
                        #tamalegend{{
                                width: 450px;
                        }
                </style>
                <!-- <script type="text/javascript">

                        ventanaX=800;
                        ventanaY=650;
                        self.resizeTo(ventanaX,ventanaY);
                        //self.focus();

                </script> -->
        </head>
<body onkeydown="controlBorrado(event)" onkeypress="controlnumeros(event) onload="abrirNuevaVentana()">
<form name="calbasica">
                <input type="text" id="visor" name="display" value="0" style="text-align:right" pattern="[0-
9]+(\.[0-9]*)">
        <input type="button" name="borrar" class="boton" value="<---" onclick="borraDigito()">
        <input type="button" onclick="cerrarTodo()"  value="Close" />
        <br/>
        <!--  Ajustado a CHROME
        <input type="radio" name="almacenaMemoria" value="lstorage"
        onclick="cambioCalculadora('calculadoraMemoria.html',620,560)" > Tipo de memoria LocalStorage
        <input type="radio" name="programacion" value="programacion"
        onclick="cambioCalculadora('calculadoraProgramacion.html',365,660)" > Programaci&oacute;n
                        -->
        <input type="radio" name="almacenaMemoria" value="lstorage"
        onclick="cambioCalculadora('calculadoraMemoria.html',640,660)" > Tipo de memoria LocalStorage
        <input type="radio" name="programacion" value="programacion"
        onclick="cambioCalculadora('calculadoraProgramacion.html',485,660)" > Programaci&oacute;n
        <br/>
        <input type="button" name="sumaresta" class="boton" value="+/-" onclick="cambiaSigno()">
        <input type="button" name="porcen" class="boton" value="%" onclick="porcentaje()">
        <input type="button" name="mod" class="boton" value="mod" onclick="operacion(5)">
        <input type="button" name="suma" class="boton" value="+" onclick="operacion(1)">
        <br/>
        <input type="button" name="siete" class="boton" value="7" onclick="acumularVer(siete.value)" >
```

```
<input type="button" name="ocho" class="boton" value="8" onclick="acumularVer(ocho.value)">
<input type="button" name="nueve" class="boton" value="9" onclick="acumularVer(nueve.value)">
<input type="button" name="resta" class="boton" value="-" onclick="operacion(2)">
<br/>
<input type="button" name="cuatro" class="boton" value="4" onclick="acumularVer(cuatro.value)">
<input type="button" name="cinco" class="boton" value="5" onclick="acumularVer(cinco.value)">
<input type="button" name="seis" class="boton" value="6" onclick="acumularVer(seis.value)">
<input type="button" name="multi" class="boton" value="*" onclick="operacion(3)">
<br/>

<input type="button" name="uno" class="boton" value="1" onclick="acumularVer(uno.value)">
<input type="button" name="dos" class="boton" value="2" onclick="acumularVer(dos.value)">
<input type="button" name="tres" class="boton" value="3" onclick="acumularVer(tres.value)">
<input type="button" name="divi" class="boton" value="/" onclick="operacion(4)">
<br/>

<input type="button" name="cero" class="boton" value="0" onclick="acumularVer(cero.value)">
<input type="button" name="punto" class="boton" value="." onclick="acumularVer(punto.value)">
<input type="button" name="enter" class="boton" value="=" onclick="resultadoope()">
<input type="button" name="borrar" class="boton" value="CLEAR" onclick="borrarnum()">
<br/>
<fieldset class="tamalegend">
        <legend>Estado</legend>
        <p id="EstadoCal"></p>
</fieldset>
<script type="text/javascript" src="js/calculadoraDaw1.js"></script>
<!-- <script type="text/javascript" src="js/PruebaScript.js"></script>
<script type="text/javascript" src="js/mensaje.js"></script> -->
</form>
</body>

</html>
```

PASO 2: Definición de los atributos en la etiqueta <input>

Partimos de una etiqueta <input> y definimos los atributos y los valores asociados, para ello seleccionamos una etiqueta la <input> tipo texto con el nombre display y su identificador visor:

```
<input type="text" id="visor" name="display" value="0" style="text-align:right"
pattern="[0-9]+(\.[0-9]*)">
```

a) Establecemos un id, es un identificador a cada INPUT,
    - name="display" es el nombre del botón.
    - value="0" es el valor que se va a visualizar en el campo por defecto.
    - type="text" identifica el tipo de entrada,
    - style="text-align:right" estilo definido en el propio atributo, tipo de texto y la alineación que se realiza (izquierda, centro, derecha).
    - pattern="[0-9]+(\.[0-9]*)" corresponde a una expresión regular que se analiza para que sea correcta la inserción en el campo (solo funciona en algunos navegadores como Mozilla).
b) Se define el tamaño size="5"
c) Se define el valor por defecto en los botones de números value="0".
d) class="boton" nombre de la clase asociada a un estilo predefinido, para el uso en el DOM, JQuery,...
e) onclick="borrarnum()" evento asociado a una función JavaScript.

PASO 3: Definición de estilos en la propia página WEB.

Asignar estilos a la etiqueta <input>, para type="text2" y para el type=" button", al botón se le asigna un tamaño de 80 puntos, alturas de 40 px, el margen 10 px, los bordes del radio 4 px. La definición de una clase #tamalegend{width:450px}.

```
<style type="text/css">
            .boton{
                width:80px;
                height: 40px;
                margin-top: 10px;
                border-radius: 4px ;
            }
            #tamalegend{
                width: 450px;
            }
</style>
```

Otra forma de establecer un estilo asociado a una etiqueta y a un type concreto, como type="button", type="text".

```
<style>
    input[type=button]{
        width: 50px;
    }
    input[type=text]{
        text-align: right;
    }
```

```
</style>
```

PASO 4: Asignar a los botones un función.

La calculadora va a funcionar:

a) Se lee en un único campo INPUT type="text"..

Primer Operando + Operador + Segundo Operando.

b) Se lee de la etiqueta INPUT type="text" id="pantalla"

```
<input type="text" id="pantalla" value="0" size="30" readonly></th>
```

PRÁCTICA 2: Definir las funciones de visualización.

DESCRIPCIÓN:

Definiciones que se realizan con CSS:

1. Color o dimensión.
2. Línea de estado (ERRORES, Operación en curso operaciones realizadas, función que se está ejecutando....)
3. El primer operando está formado por:

   a) Secuencia de dígitos (0 y 9)
   Cada vez que se pulsa un digito se llama a la función tecla(numero_digito), se le pasa como parámetro el digito pulsado.

   b) Se puede utilizar un punto decimal (solo uno). En el momento que se pulsa el digito decimal hay que activar un flag, que contralará que ya existe un decimal, esto impide que se pueda escribir en la cadena de visualización más de un decimal.

   c) Se utiliza una variable global para controlar la entrada de los operandos (1er Operando y 2º Operando). Se inicializa con la primera carga del script, y cada vez que se realice el, almacenamiento del 1er operando

   var operando = 0;

   d) Definir una variable global, definida como cadena que contendrá el tipo de operación que se va a realizar cuando se pulse la tecla.

   var operacion = "";

   e) Por el signo, cada vez que se pulsa -/+ el signo de operando cambiará en el campo de visualización.

   f) Cuando se pulsa cualquier botón (+|-|*|/) el primer Operando pasara a una variable que almacenará op1.

```
<td><input type="button" id="boton1" value="1" size="5" onclick=tecla("1")></td>
<td><input type="button" id="boton2" value="2" size="5" onclick=tecla("2")></td>
<td><input type="button" id="boton3" value="3" size="5" onclick=tecla("3")></td>
```

   f.1) Se sustituye los elementos de una tabla con un tamaño size "5" por lo siguiente

```
<input type="button" name="uno" class="boton" value="1" onclick="acumularVer(uno.value)">
<input type="button" name="dos" class="boton" value="2" onclick="acumularVer(dos.value)">
<input type="button" name="tres" class="boton" value="3"
onclick="acumularVer(tres.value)">
```

   Se sustituye el atributo size="5" por class="boton", que define el tamaño (anchura, altura, márgenes)

   g) Se define la función acumularVer(boton), se pasa como parámetro

   function acumularVer(boton){}

   h) Se definen la visualización de las variables globales y el valor de la tecla pulsada actualmente. Se va a visualizar en la consola.

```
console.log("operando A: " + operando);
console.log("operacion A: " + operacion);
console.log("boton: " + boton);
```

   i) Se recoge del campo INPUT type="text" id="pantalla", el valor que posee, en función del nombre del identificador y se asigna a una variable, que se llama igual que el identificador **pantalla**.

   var pantalla = document.getElementById("visor");

   j) Se define un variable valPantalla y en ella se recoge el valor que tiene asignado pantalla.value.

   var valPantalla = pantalla.value;

   k) Se crear una condición múltiple que recoge el valor en función de la tecla pulsada que se ha pasado el valor del botón. A la variable global **valPantalla** que concatena el valor que tenía más el de la tecla pulsada, este valor se vuelve a visualizar en el campo de texto.

Variable flag: valPantalla	Descripción
0	Inicializa a valor 0, para que exista constancia que el número no tiene decimales.
1	Valor 1, cuando se ha pulsado la tecla . , se utiliza para controlar que ya existe un decimal y que no se puede poner otro.

```
switch (boton){
            case "0":
        case "1":
        case "2":
        case "3":
        case "4":
        case "5":
        case "6":
        case "7":
        case "8":
        case "9":
            if(valPantalla == operando){
                pantalla.value = boton;
            }else{
                pantalla.value = valPantalla.concat(boton);
            }
            break;
    }
```

Es una condición múltiple. En el caso que el valor pasado a la función tecla sea un dígito entre 0..9. Se colocan todos los case secuencialmente, ya que no hay ningún break hasta el último, en cualquier caso de los diez dígitos pulsados ejecutará el código que se encuentra en el case "9": , se termina el if y tiene un break; que hace que termine el switch para todos los case de 0..9.

A partir que un case sea cierto, todos los demás que se encuentren debajo de él son ciertos, por ese motivo se emplea un punto de ruptura break; en cada sentencia switch, en ese momento se da por terminada la sentencia switch... con su case : ... break; . La única opción que no es necesario que incorpore el break; es el default: ya que es la última.

PRÁCTICA 3: Definir la función de las acciones a ejecutar.

DESCRIPCIÓN:

Se comprueba en el mismo **switch** (botón) {} todas las operaciones posibles, se analizan como si fueran un bloque compacto (1er operando **operación** 2º operando).

Condiciones múltiples switch

```
switch(expression) {
    case n:
        bloque de código
        break;
    case n:                  // punto de ruptura si se cumple esta do
        bloque de código
        break;               // de código alternativo, sino se cumplen ninguno de los
casos anteriores.
}
```

PASO 1: Analizar las condiciones de las operaciones a realizar

Se analiza en la condición if, que la variable operacion esta inicializada a nada, si es cierto, entonces lo primero que se comprueba es si se ha pulsado cualquier tecla distinta del el igual "=" , o sea, que no hemos solicitado el resultado de una operación.

Si la condición if(operacion == "") es cierta, lo que se hace es comprobar si la tecla pulsada o botón el valor que pasa a la función es "=", en ese caso la operación se ejecutar y la operación es igual, se asignan a la variable operación el valor de la variable **boton** y el *operando* es igual a la variable *valPantalla*.

Al terminar el switch se visualizar el resultado de las variables operando y operación. Se visualizará en la consola del navegador los diferentes tipos de resultados obtenidos según se han ido pulsado las teclas del ejemplo de la PRÁCTICA 2

```
switch   (boton) {
    case "+":
    case "-":
    case "*":
    case "/":
    case "%":
    case "mod":
    case "=":
        if(operacion == ""){
            if(boton != "="){
                operacion = boton;
                operando = valPantalla;
            }
        }
        break;
    }
    console.log("operando D: " + operando);
    console.log("operacion D: " + operacion);
```

```
operando A: 0
operacion A:
boton: 7
operando D: 0
operacion D:
operando A: 0
operacion A:
boton: 5
operando D: 0
operacion D:
operando A: 0
operacion A:
boton: 3
operando D: 0
operacion D:
operando A: 0
operacion A:
boton: +
operando D: 753
operacion D: +
```

Una vez pulsado el botón + . No aparece nada en el visor, hasta que pulsemos un nuevo digito del segundo operando asociado a esta operación ("+").

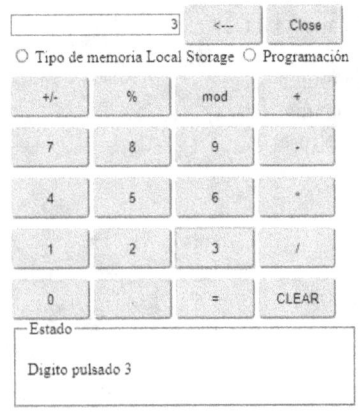

```
boton: +
operando D: 753
operacion D: +
operando A: 753
operacion A: +
boton: 3
operando D: 753
operacion D: +
```

El valor de la tecla pulsada es: 3 y sigue la variable operación +

Al pulsar el botón igual "=", nos aparece el resultado en la etiqueta <input type="text"...>, y en la lenged, en el cuadro de **Estado**

```
botón: 3
operando D: 753
operación D: +
operando A: 753
operación A: +
botón: =
operando D: 753
operación D:
```

El mensaje es una llamada a desde

```
switch(operador){
        case 1:
                resultado=operador1+operador2;
                mensajesInteractivos(); // carga el mensaje
                controlMsgError(errores[50]); // se visualiza el mensaje
                break;
```

Se carga los valores por defecto en la matriz.

```
function mensajesInteractivos(){
        errores[50]="El resultado de "+operador1+" +  "+operador2+" = "+resultado;
}
```

Se ejecuta el mensaje de visualización.

```
function controlMsgError(msg){
        document.getElementById("EstadoCal").innerHTML=msg;
}
```

PASO 2: Analizar si se ha pulsado punto decimal y el igual

Se realiza la condición else en caso que no se cumpla la condición if (operación=="") si la variable, posee algún valor entonces (else)

Si la operación a realizar esta en blanco, cadena vacía, NaN, entonces comprobamos si el botón pulsado es "=", si es el igual debemos recoger operacion= botón, para analizarlo en la condición múltiple.

```
if(operacion == ""){
        if(boton != "="){
                operacion = boton;
                operando = valorVisualiza;;
        }
}else{
        var num1, num2;
        if(operando.indexOf(".") == -1){
                num1 = parseInt(operando);
        }else{
                num1 = parseFloat(operando);
        }
}
```

Se analizar el botón o la Tecla pulsada, como que operación se debe realizar, se integran las condiciones en el case "=".

```
switch  (boton){
        case "+":
        case "-":
        case "*":
        case "/":
        case "%":
        case "mod":
        case "=":
            if(operacion == ""){
                if(boton != "="){
                        operacion = boton;
                        operando = valorVisualiza;;
                }
            }else{
                var num1, num2;
                if(operando.indexOf(".") == -1){
                        num1 = parseInt(operando);
                }else{
                        num1 = parseFloat(operando);
                }
                if(valPantalla.indexOf(".") == -1){
                        num2 = parseInt(valorVisualiza;);
                }else{
```

```
                        num2 = parseFloat(valPantalla);
                }
                res = operar(num1, operacion, num2);
                pantalla.value = res;
                if(boton != "="){
                        operacion = boton;
                        operando = res;
                }else{
                        operacion = "";
                }
        }
        break;
}
```

Visualización de la variable operando y operación se visualiza su estado en la consola, como medida de secuencia de control.

```
                console.log("operando D: " + operando);
                console.log("operacion D: " + operacion);
```

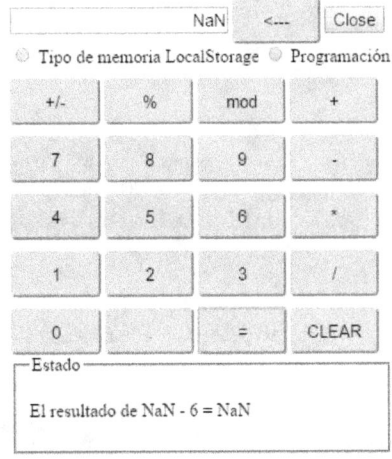

Se producen dos errores:
- a)   No se controla una operación sin previo operador1.
- b)   Si se borran los dígitos del primero operador1, se vuelven a escribir la cadena es NaN, no puede operar con operador2.

PASO 3: SOLUCIÓN Y SIMPLIFICACIÓN de código.

Una vez terminada la aplicación se simplifica el código del signo "=" igual.
- a)   En lugar que la teclaigual sea false y la tecla pulsada sea un . Entonces las variables flag se activan y la variable noOperar = true para que no se realice la operación.
- b)   Si ya se pulso un boton ejemplo =

```
case "=":
                if(tecla=="." && !teclaigual){
                        teclaigual=true;
                        noOperar=true;
                }else{
                        return controlMsgError(errores[2]);
                }
                break;
        default:
                return controlMsgError(errores[0]);
                break;
}
        if (valorVisualiza == "0") {
                // si existe una inicialización y se visualiza en el visor 0.
                // el cero no debe concatenarse, con lo cual se asigna al primer caracter pulsado.
                valorVisualiza=tecla;
        } else{
                valorVisualiza+=tecla;
        }
        visor.value=valorVisualiza;
        // convertir tecla que es una cadena a un valor numerico  Number(tecla)
        // Convertir una cadena a un entero    parseInt(tecla)
        if (keyPulsa==='0'){
                indiceError=parseInt(tecla)+10;
        }else {
                indiceError=parseInt(keyPulsa)+10;
        }
        console.log(indiceError);
        controlMsgError(errores[indiceError]);
        tecla='';
```

PRÁCTICA 4: Permitir definir y ejecutar operaciones.

DESCRIPCIÓN:

Para realizar las operaciones, se ejecutan una vez que se ha pulsado el botón =, en ese momento se invoca a la función operar(), se pasan tres parámetros (val1, oper, val2).

Variables val1 corresponde al primer operando de la operación, val2 corresponde al segundo valor de la operación y oper contiene en formato String un carácter que corresponde al tipo de operación a realizar.

Se define una variable dentro de la función resultado, que contiene el valor numérico de la realización de la operación realizada.

Las operaciones se analizan con una condición múltiple switch(oper).

El resultado de la operación se devuelve a la variable resultado, **return resultado;**

```javascript
function operar(val1, oper, val2){
    var resultado;
    switch(oper){
        case "+":
            resultado = val1 + val2;
            break;
        case "-":
            resultado = val1 - val2;
            break;
        case "*":
            resultado = val1 * val2;
            break;
        case "/":
            resultado = val1 / val2;
            break;
        case "%":
            resultado = (val1 / 100) * val2;
            break;
        case "mod":
            resultado = val1 % val2;
            break;
    }
    return resultado;
}
```

PASO 1: Gestión inicial de la Tecla pulsada.

Alternativa inicial: Se ejecuta inicialmente en un Script dentro del propio código HTML.

```javascript
<SCRIPT language="text/javascript">
    var operando = 0;
    var operacion = "";

    function tecla(boton){
        console.log("operando A: " + operando);
        console.log("operacion A: " + operacion);
        console.log("boton: " + boton);
        var pantalla = document.getElementById("pantalla");
        var valPantalla = pantalla.value;
        switch(boton){
            case ".":
                if(valPantalla.indexOf(".") == -1){
                    if(valPantalla == operando){
                        pantalla.value = "0.";
                    }else{
                        pantalla.value = valPantalla.concat(boton);
                    }
                }
                break;
            case "0": case "1": case "2": case "3": case "4": case "5": case "6": case
            "7": case "8": case "9":
                if(valPantalla == operando){
                    pantalla.value = boton;
                }else{
                    pantalla.value = valPantalla.concat(boton);
                }
                break;
            case "+": case "-": case "*": case "/": case "%": case "mod": case "=":
                if (valPantalla.charAt(valPantalla.length - 1) == "."){
                    pantalla.value = valPantalla.substr(0, valPantalla.length - 1);
                }
                if(operacion == ""){
                    if(boton != "="){
                        operacion = boton;
                        operando = valPantalla;
                    }
                }else{
                    var num1, num2;
```

```
                if(operando.indexOf(".") == -1){
                        num1 = parseInt(operando);
                }else{
                        num1 = parseFloat(operando);
                }
                if(valPantalla.indexOf(".") == -1){
                        num2 = parseInt(valPantalla);
                }else{
                        num2 = parseFloat(valPantalla);
                }
                res = operar(num1, operacion, num2);
                pantalla.value = res;
                if(boton != "="){
                        operacion = boton;
                        operando = res;
                }else{
                        operacion = "";
                }
            }
            break;
        }
        console.log("operando D: " + operando);
        console.log("operacion D: " + operacion);
    }
    function operar(val1, oper, val2){
        var resultado;
        switch(oper){
            case "+":
                resultado = val1 + val2;
                break;
            case "-":
                resultado = val1 - val2;
                break;
            case "*":
                resultado = val1 * val2;
                break;
            case "/":
                resultado = val1 / val2;
                break;
            case "%":
                resultado = (val1 / 100) * val2;
                break;
            case "mod":
                resultado = val1 % val2;
                break;
        }
        return resultado;
    }
</script>
```

UNIDAD DE TRABAJO 2: Construir la calculadora de programación.

PRÁCTICA 5: Construir calculará de programación, Sistemas de numeración.
PRÁCTICA 6: Identificar el tipo de navegador utilizado.

Sentencias:
document.write()
document.writeln()
alert()
navigator
.toUpperCase()
setTimeout()
.getElementById("etiqueta")
let
if() {...} else{...}
switch ()
console.log()
function

Contenidos:
Conversiones de sistemas de numeración.
Activación desactivación de Botones.
Condiciones en cascada.
Conversiones String Mayúsculas/Minúsculas.
Indentificar el tipo de navegador que se está utilizando.

PRÁCTICA 5: Construir calculará de programación, Sistemas de numeración.

DESCRIPCIÓN:

Calculadora de Programación, se observa diferentes formas de visualizar la codificación de un mismo número en diferentes sistemas de numeración: Decimal, Binario, Octal y Hexadecimal.

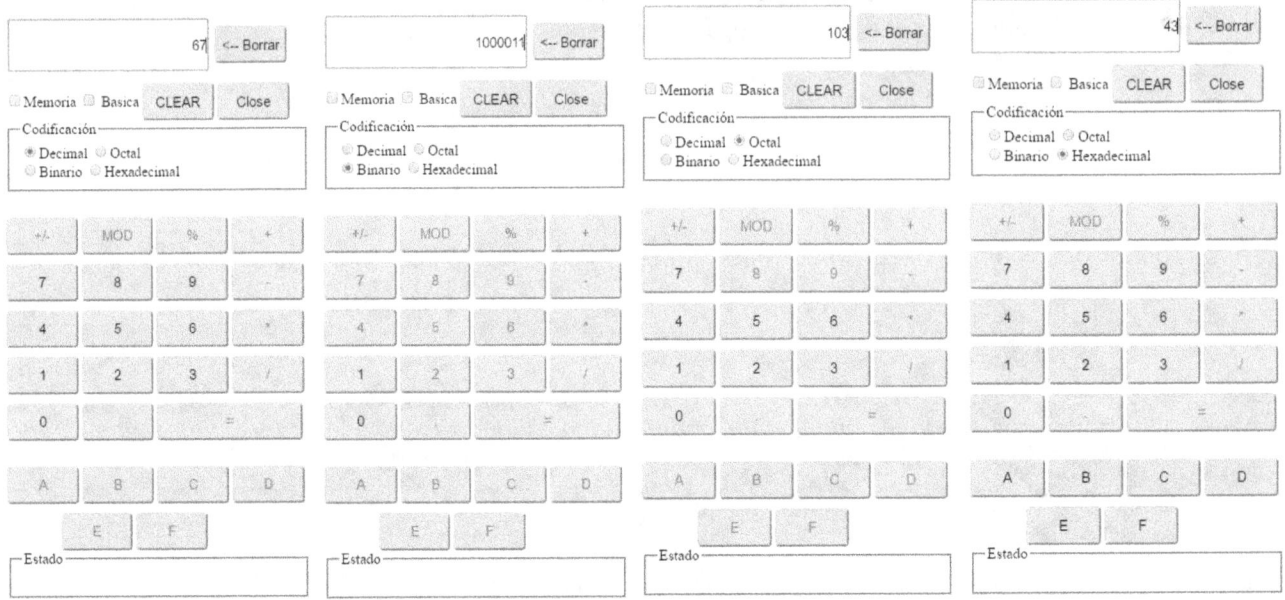

a) Codificación en Decimal: Solo permite tener activo los botones de los dígitos 0-9 y se desactivan las operaciones.
b) Codificación Octal: Activa los dígitos 0-7 y se desactivan las operaciones.
c) Codificación Binario: Activa solos los dígitos 0 y 1 y se desactivan las operaciones.
d) Codificación Hexadecimal: Activa los dígitos 0 a 9 y las letras de A, B, C, D, E, F.

Planteamiento de la activación y desactivación de los botones que no se utilizan.

La función es única: **function convierteSistNum(num, baseA, baseD){}**

Recibe 3 parámetros:

- **num**: el número a convertir.
- **baseA**: el sistema de numeración de estaba anteriormente.
- **baseD**: Sistema de numeración destino al que hay que convertir. Se le asignan los siguientes valores: 10 (sistema de numeración decimal), 2 (sistema de numeración binario), 8 (sistema de numeración Octal), 16 (sistema de numeración Hexadecimal).

Se realiza una conversión de sistema de numeración el número, que se encuentra en la variable **num**, el contenido de esta variable de texto, lo que se realiza es una conversión a un sistema de numeración, para ello se utiliza la llamada a la **función parseInt(num, baseA)**, pasa al sistema de numeración, se toma como base el valor de la variable baseA. El resultado se deposita en la variable res

      let res=parseInt(num,baseA);

Es una variable de ámbito local.

Se utiliza una variable global **baseInicial**, para recoger el sistema de numeración actual, que sirve de referencia en posteriores llamadas a la **función convierteSistNum()**

Se utiliza una condición múltiple con **switch(baseInicial){}**

La activación y desactivación de los botones

      document.getElementById('dos').disable=true; // Desactiva el botón

      document.getElementById('dos').disable=false; // Activa el botón

Desactiva el botón con el atributo id="dos" , cambiando el valor de la propiedad .disable=true; , por defecto .disable=false;

Se cambia el valor del Sistema de Numeración a una cadena, se convierte de entero a cadena del nuevo sistema de numeración, este valor pasa al campo de visualización, a la etiqueta <input type="text">

      return res.toString(baseD);

> **Convierte un número a una cadena, utilizando diferente base de sistemas de numeración:**
>
> var num = 15;
> var a = num.toString();
> var b = num.toString(2);
> var c = num.toString(8);
> var d = num.toString(16);

Crea un variable global para analizar en qué sistema de numeración se encuentra el número que se pasa baseInicial

```
function convierteSistNum(numero,baseA,baseD){
        let res=parseInt(numero,baseA);
        baseInicial=baseD;

        switch(baseInicial){
        case 2:  //  Sistema de numeracion Binario
            // Desactivacion de todas las teclas  menos el 0 y 1, que siempre están activas en
            // todos los sistemas de numeración
                    document.getElementById('dos').disabled=true;
                    document.getElementById('tres').disabled=true;
                    document.getElementById('cuatro').disabled=true;
                    document.getElementById('cinco').disabled=true;
                    document.getElementById('seis').disabled=true;
                    document.getElementById('siete').disabled=true;
```

```
                        document.getElementById('ocho').disabled=true;
                        document.getElementById('nueve').disabled=true;
                        document.getElementById('a').disabled=true;
                        document.getElementById('b').disabled=true;
                        document.getElementById('c').disabled=true;
                        document.getElementById('d').disabled=true;
                        document.getElementById('e').disabled=true;
                        document.getElementById('f').disabled=true;
            break;
        case 8:        //   Sistema de numeracion Octal
                        document.getElementById('dos').disabled=false;
                        document.getElementById('tres').disabled=false;
                        document.getElementById('cuatro').disabled=false;
                        document.getElementById('cinco').disabled=false;
                        document.getElementById('seis').disabled=false;
                        document.getElementById('siete').disabled=false;
                        document.getElementById('ocho').disabled=true;
                        document.getElementById('nueve').disabled=true;
                        document.getElementById('a').disabled=true;
                        document.getElementById('b').disabled=true;
                        document.getElementById('c').disabled=true;
                        document.getElementById('d').disabled=true;
                        document.getElementById('e').disabled=true;
                        document.getElementById('f').disabled=true;
            break;
        case 10:   // Sistema de numeracion Decimal
                        document.getElementById('dos').disabled=false;
                        document.getElementById('tres').disabled=false ;
                        document.getElementById('cuatro').disabled=false;
                        document.getElementById('cinco').disabled=false;
                        document.getElementById('seis').disabled=false;
                        document.getElementById('siete').disabled=false;
                        document.getElementById('ocho').disabled=false ;
                        document.getElementById('nueve').disabled=false;
        //    Desactivacion de todas las teclas alfanuméricas  a, b, c, d, e, f.

                        document.getElementById('a').disabled=true;
                        document.getElementById('b').disabled=true;
                        document.getElementById('c').disabled=true;
                        document.getElementById('d').disabled=true;
                        document.getElementById('e').disabled=true;
                        document.getElementById('f').disabled=true;
                break;
        case 16:     //    Sistema de numeracion Hexadecimal
            //   Se activan todos los botones menos las operaciones
                        document.getElementById('dos').disabled=false;
                        document.getElementById('tres').disabled=false;
                        document.getElementById('cuatro').disabled=false;
                        document.getElementById('cinco').disabled=false;
                        document.getElementById('seis').disabled=false;
                        document.getElementById('siete').disabled=false;
                        document.getElementById('ocho').disabled=false;
                        document.getElementById('nueve').disabled=false;
                        document.getElementById('a').disabled=false;
                        document.getElementById('b').disabled=false;
                        document.getElementById('c').disabled=false;
                        document.getElementById('d').disabled=false;
                        document.getElementById('e').disabled=false;
                        document.getElementById('f').disabled=false;
                break;
        //   default:
        }
        return res.toString(baseD);
    }
```

PASO 1: Desactivación de los botones

CASO A) Desactivar un botón utilizando la propiedad disabled dentro de la etiqueta del botón u elemento del formulario.

```
<input class="boton" type="button" id="a" onclick="acumulaVer(a.value)" value="A"  disabled />
```

CASO B) Activar o desactivar el botón de un formulario, utilizando el nombre del formulario y el del botón.

```
Document.calprograma.intro.disabled=true;
```

CASO C) Activar o desactivar los botones de la calculadora desde el elemento y su identificación.

```
// Deshabilitar las operaciones + - * / MOD  +/-
document.getElementById('suma').disabled=true;
document.getElementById('resta').disabled=true;
document.getElementById('multi').disabled=true;
document.getElementById('divide').disabled=true;
document.getElementById('modulo').disabled=true;
document.getElementById('Csigno').disabled=true;
document.getElementById('porciento').disabled=true;
document.getElementById('igual').disabled=true;
document.getElementById('punto').disabled=true;
document.getElementById('visor').focus();
```

PASO 2: Paso de un número de decimal a Binario

Se escribe el número 88 en Decimal y pulsamos a la codificación Binario y nos devuelve el número en Binario. (1011000).

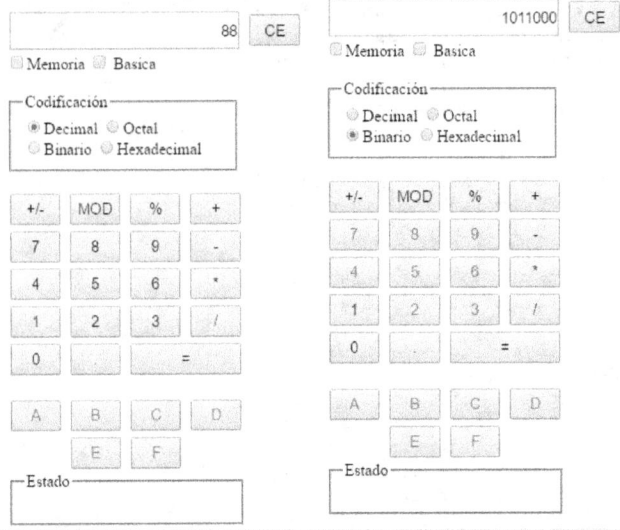

PASO 3: Paso de un número de Binario a Octal

Escribimos el número 1011000 y lo pasamos a Octal.

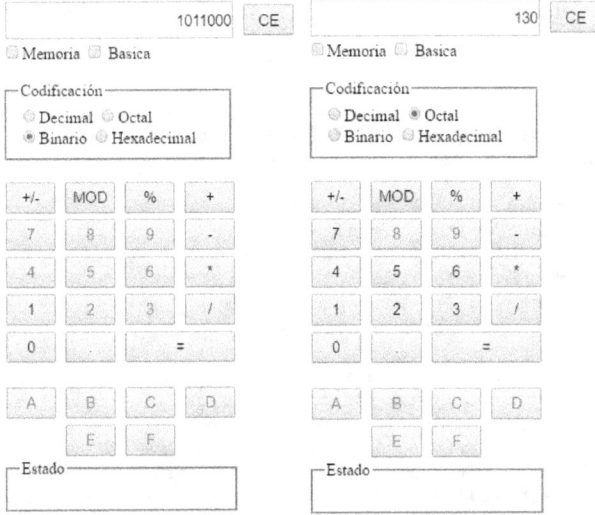

PASO 4: Paso de un número de Octal a Hexadecimal

El número 88 en el sistema de numeración decimal se pasa a binario, de binario a Octal y de Octal lo pasamos a Hexadecimal y nos devuelve el número 58.

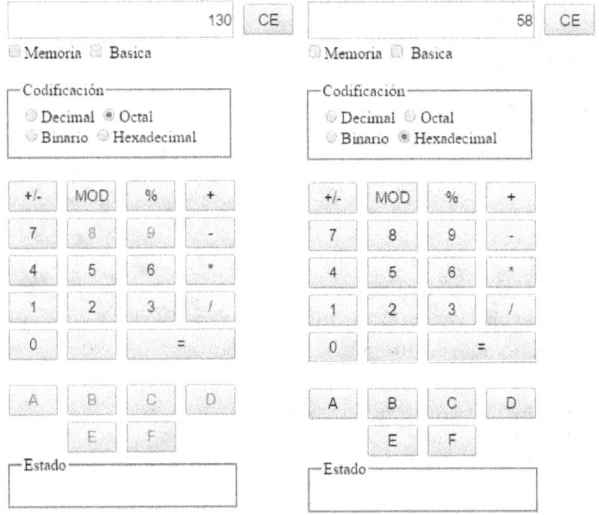

PASO 5: Paso de un número de hexadecimal a Decimal

Se pulsa directamente en decimal y se convierte el número Hexadecimal 58 al 88 en decimal que era el valor introducido inicialmente en el paso 1

PASO 6: Desactivar los botones no utilizados

En la ejecución inicial se carga pero no se ejecuta la desactivación en la carga inicial, solo se activa cuando se realiza un cambio de una codificación (Octal, Binario, Hexadecimal) a Decimal.

```
// desactivar el teclado  de operaciones aritméticas y es de ámbito
// global no es necesario volver a activarlo, ya que se carga con onload
// y permanecen desactivo durante toda su ejecución.
        document.getElementById('modulo').disabled=true;
        document.getElementById('porciento').disabled=true;
        document.getElementById('Csigno').disabled=true;
        document.getElementById('suma').disabled=true;
        document.getElementById('resta').disabled=true;
        document.getElementById('divide').disabled=true;
        document.getElementById('multi').disabled=true;
```

Se necesita que se realice una llamada a la función **convierteSistNum**, en la carga inicial para que se desactiven los botones y permanezcan desactivos.

Se carga la desactivación una vez cargado el cuerpo body

```
<body onkeydown="CONTROLBORRAR(EVENT)"
onkeypress="CONTROLNUMERICOS(EVENT)"
onload="valorvisualiza=convierteSistNum(valorvisualiza,base
Inicial,10); verVisualiza()">
```

PASO 7: Gestión del cuadro de Estado

Se definen los valores de la matriz de mensajes, que se visualizarán en el siguiente recuadro.

PASO 8: Depurar código y eliminar Errores

Paso inicial de un sistema de numeración a otro da el siguiente error.

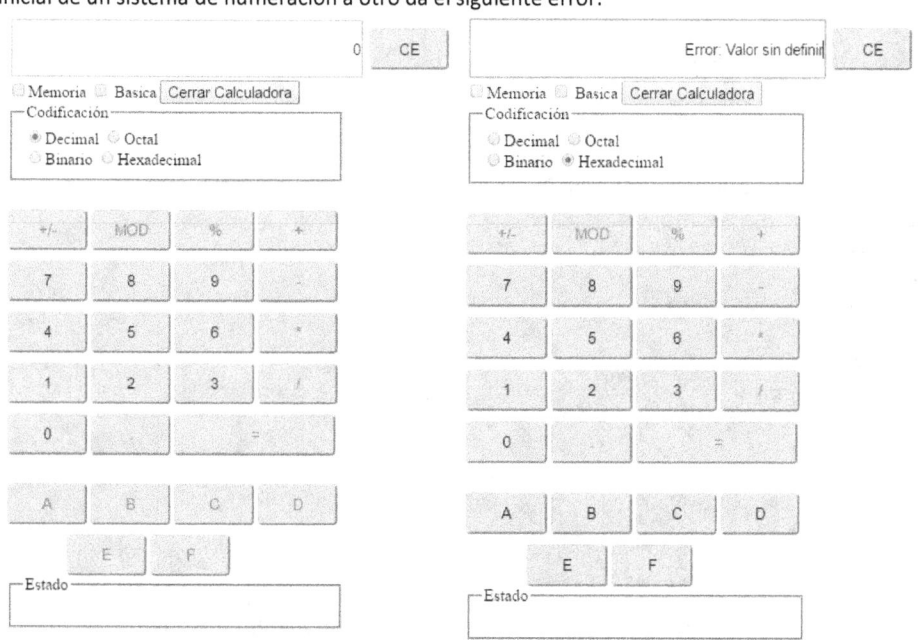

a)   Buscar el mensaje de error y el valor del visor.

Se visualiza un cero pero el valor de la conversión es como sino existiera nada. Proviene de la siguiente función:

```
function verVisualiza(){
        if(!parseVisor()){
                controlErrores("Error: Valor sin definir");
                return;
        } else {
                visor.value=parseVisor();
                }

}
```

Se realizan las siguientes llamadas al control de mensajes:

```
function borrarValorVisualiza(){
        valorVisualiza="0";
        visor.value=valorVisualiza;
        noOperar=false;
}
```

Se recoge el mensaje y se visualiza durante 2 segundos.

```
function controlErrores(msg){
        visor.value=msg;
        setTimeout('borrarValorVisualiza()',2000);
}
```

Comprobar que el valor del visor es nulo, la variable de visualización xxx está sin inicializar de ahí sale este error.

```
<body onkeydown="controlBorrado(event)" onkeypress="controlNumericos(event)"
onload="valorVisualiza=convierteSistNum(valorVisualiza,baseInicial,10); verVisualiza()">
```

a.1) La primera función que se carga es controlBorrado(event)

```
function controlBorrado(e){
        let evento=e ? e : event;
        //si es un evento
        let key=window.event ? evento.which : evento.keyCode;
        let teclapulsada='';
        switch(key){
                case 13:
                        borraDigito();
                        break;
                case 8:
                        //Borrar último dígito
                        borraDigito();
                        break;
                case 127:
                        //DEL
                        borraDigito();
                        break;
        }
}
```

a.2) La segunda función que se carga es **controlNumericos(event)**

El error se visualiza en cualquier cambio entre los sistema de numeración, inicialmente sin haber tecleado ningún número.

b) Error al convertir del sistema de numeración decimal al Hexadecimal ciertos números.

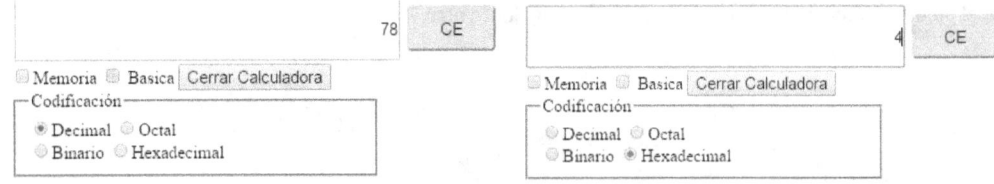

En la conversión del número 78 en el sistema de numeración Decimal al 4E en HEXADECIMAL, se omiten los dígitos A-F. Se observa que falta la letra E.

El error está en esta función que hace una conversión numérica a float, se desprecia el valor numérico.

function parseVisor(){

```
        return parseFloat(valorVisualiza);
```

proviene de esta función

function verVisualiza(){

```
        if(!parseVisor()){
                controlErrores("Error: Valor sin definir");
                return;
        } else {
                visor.value=parseVisor();
        }
}
```

Solución: incorporar una variable global que controle el tipo de calculadora y no modifique el resto de código la función verVisualiza(){-}, quedaría de la siguiente forma

```
function verVisualiza(){
        console.log(controlHexInicio);
        if (controlHexInicio){
                if(!parseVisor()){
                        controlErrores("Error: Valor sin definir");
                        return;
                }else {
                        visor.value=parseVisor();
                }
        } else {
                visor.value = valorVisualiza.toUpperCase();
        }
}
```

Se utiliza la consola para comprobar el estado antes de la condición. Si la condición es cierta realiza el if (controlHexInicio) = true cuando la calculadora que se maneja es la básica y la calculadora de memoria.

Definición del valor inicial, de la variable controlHexInicio= true; al comienzo del fichero.

```
var controlHexInicio=true;
```

Valores	Descripción
controlHexInicio=true	Manejo por defecto para utilizar solo números, en la calculadora básica y la calculadora con memoria.
controlHexInicio=false	Manejo en la calculadora programada. Utilización es exclusiva del sistema de numeración Hexadecimal. Que no se puede hacer un parseFloat, ya que si se realiza se omiten las letras de la A..F

En la llamada al sistema de numeración Hexadecimal del fichero: CalculadoraProgramacion.html, se inicializa la variable:

```
<input type="radio" name="codificacion"  value="hexadecimal"
onclick="valorVisualiza=convierteSistNum(valorVisualiza,baseInicial,16);
controlHexInicio=false;verVisualiza()">Hexadecimal
```

b.1) En el formulario no existe restricciones (calculadoraProgramada.html).

```
<input type="text"  name="display" id="visor" value="" style="text-align: right;">
```

b.2) En la librería calculadoraDaw1.js

Define por defecto el sistema de numeración base el sistema decimal, {0..9} la base es 10.

```
function iniSistNum(){
        var baseInicial=10;
}
```

c) No se visualizan los códigos de error correctamente en el cuadro de estado, se realiza una condición siguiente una vez analizados los códigos de las teclas pulsadas se diferencia entre teclas numéricas que pueden realizar la visualización de forma directa y los caracteres de a-fA-F. En la función **controlnumeros(e).**

```
if(tecla>=48 && tecla<=57){
        //e.returnValue;
        acumularVer(teclaPulsada);
} else if(tecla>=65 && tecla<=70 || tecla>=97 && tecla<=102) {
        acumularVer(teclaPulsada.toUpperCase());
}
```

d) Control de los mensajes de error, se diferencia entre las acumulaciones pulsando botón y escribiendo, desde el teclado, no se controlada para ello se realiza una asignación de valor decimal según el valor hexadecimal (A=10, B=11,..,F=15).

d.1) Asignación de la cadena con el valor correspondiente en el sistema decimal. Se modifican las líneas siguientes de la función *acumularVer(tecla)*

```
keyPulsa='0';
switch(tecla){//Switch que muestra los numeros
                case "1": case "2": case "3": case "4": case "5": case "6": case "7": case
        "8":    case "9": case "0":
                        break;
                case "A":
                                keyPulsa='10';
                                break;
                case "B":
                                keyPulsa='11';
                                break;
                case "C":
                                keyPulsa='12';
                                break;
                case "D":
                                keyPulsa='13';
                                break;
                case "E":
                                keyPulsa='14';
                                break;
                case "F":
                                keyPulsa='15';
                                break;
```

d.2) Se controla la concatenación y la visualización en función de los valores asignados inicialmente para keyPulsa

```
if (keyPulsa==='0'){
        indiceError=parseInt(tecla)+10;
}else {
        indiceError=parseInt(keyPulsa)+10;
}
console.log(indiceError);
controlMsgError(errores[indiceError]);
```

e) Error en el control de pulsar teclas numéricas y alfanuméricas, en el sistema de numeración BINARIO.

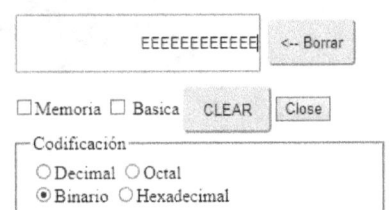

Se observa que al pulsar las teclas ej.: E, aparece en el campo <INPUT> display.

e.1) Al pulsar dígitos del teclado alfanumérico aparecen el último carácter tecleado anteriormente.

> Las pruebas se han realizado con Opera, Chrome, IE, mozilla, Edge, Chromium, Safari.

f) En el sistema de numeración Binario, no se controlan los caracteres 2-9 en binario. Si se pulsa desde el teclado numérico. Se debe crear una variable que controle el sistema de numeración.

Se puede utilizar una variable con valores múltiples, ya existe una variable que controla el sistema de numeración actual, no vale para controlar las teclas pulsadas.

f.1) La variable baseInicial es mayor 2 y a su vez menor o igual a 16, la tecla número 2, debe ser validad para el sistema octal, decimal y hexadecimal.

```
case 50:    // numero 2
        //salida=true;
        if (baseInicial>2 && baseInicial<=16){
                teclapulsada='2';
        } else {
                teclapulsada='';
        }
        break;
```

f.2) Se activa la validación del sistema de numeración decimal y octal, se cambia la condición.

```
case 56:
        //salida=true;
        if (baseInicial>8  &&  baseInicial<=16){
                teclapulsada='8';
        } else {
                teclapulsada='';
        }
        break;
```

g) Error al teclear en decimal el dígito 78, pasamos al sistema de numeración Hexadecimal, y nos da un valor NAN.

h) Error visualización de dígitos no permitidos, aparece en el visor, pero no se encuentran acumulados.

Al pulsar: un dígito permitido desde los botones, un carácter permitido desde teclado o desde los botones, se borra los dígitos no permitidos.

Se vuelve a restablecer la condición, que funciona correctamente.

```
if(tecla>=48 && tecla<=57 || tecla>=65 && tecla<=70 ||
tecla>=97 && tecla<=102){
        //e.returnValue;
        acumularVer(teclaPulsada.toUpperCase());
}
```

En lugar de

```
if(tecla>=48 && tecla<=57){
        //e.returnValue;
        acumularVer(teclaPulsada);
} else if(tecla>=65 && tecla<=70 || tecla>=97 && tecla<=102) {
        acumularVer(teclaPulsada.toUpperCase());
}
```

Da algún error de control, queda controlar las teclas de función sobre el propio campo INPUT con eventos de teclado y teclas de control.

PRÁCTICA 6: Identificar el tipo de navegador utilizado

DESCRIPCIÓN:

Los Navegadores: es una aplicación que trabaja sobre el propio sistemas operativo, o bien, a través de Internet, interpretando la información de archivos y sitios web para que podamos ser capaces de leerla (ya se encuentre ésta alojada en un servidor dentro de la World Wide Web o en un servidor local).

Existe una lista detallada de navegadores, motores de renderización y otros temas asociados en la categoría asociada.

LISTA DE NAVEGADORES:

- KHTML: Konqueror (basado por defecto en KHTML).
- Basado en WebKit (fork KHTML): Safari, Chromium, Google Chrome, SRWare Iron, Flock (a partir de la versión 3), Epiphany (a partir de la versión 2.28), Midori, Rekonq, Arora, Dolphin Browser, Sleipnir.
- Internet Explorer y derivados: Avant Browser, Maxthon, G-Browser, Slim Browser, AOL Explorer.
- Mozilla (Gecko) y derivados: Mozilla Firefox, Flock (Descontinuado), Iceweasel, Netscape Navigator (a partir de la versión 6), Netstep Navigator, GNU IceCat, SeaMonkey, CometBird, Beonex.
- Navegador web IBM para OS/2: Galeon (Proyecto abandonado), Skipstone, K-Meleon para Windows, Camino para Mac OS X.
- Amaya del W3C: Abrowse.
- Netscape Navigator (hasta la versión 4.xx).
- Opera.
- iCab.
- OmniWeb.
- Dillo.
- IBrowse.
- AWeb.
- Voyager.
- Espial Escape.
- HotJava.
- IEs4Linux.
- SpaceTime.
- Navegadores web basados en texto: Links, Lynx, Bobcat, Netrik, w3m.

LISTA DE MOTORES DE PROCESAMIENTO Y RENDERIZADO.

Un motor de navegador web (motor de renderizado) o del inglés **web browser engine** es software que toma contenido marcado (como HTML, XML, archivos de imágenes, etc.) e información de formateo (como CSS, XSL, etc.) y posteriormente visualiza el contenido ya formateado en la pantalla. El motor "pinta" en el área de contenido de una ventana, la cual es mostrada en una pantalla.

a) Los motores de renderizado es lo que usan los navegadores web, clientes de correo electrónico, u otras aplicaciones que deban mostrar contenidos web.

b) Los intérpretes de javascript o motor de Javascript, que aunque cada motor de navegador suele tener su propio interprete javascript no son realmente lo mismo. Mientras que la función del motor del navegador es renderizar y pintar la parte gráfica de la web, el motor de javascript es el intérprete del código y quien ejecuta un script en función de unas instrucciones.

Todos los navegadores web incluyen necesariamente algún tipo de motor de renderizado.

LISTADO DE MOTORES DE NAVEGADOR WEB

La mayoría de los siguientes motores de renderizado están fundados para navegadores web, pero algunos son para aplicaciones web o sistemas operativos(ej. SmartTV).

Se clasifican en:

a) **Motores Gráficos**:

- WebKit – para Safari, Arora, Midori, OmniWeb, Shiira, iCab desde versión 4, Epiphany, SRWare Iron, Google Chrome, Rekonq, IOS_(Apple) y Maxthon 3.
- Tasman – para Internet Explorer 5 en Mac, Microsoft Office 2004 en Mac, y Microsoft Office 2008 en Mac.
- Trident – para Internet Explorer desde la versión 4.0
- Chakra – para Internet Explorer 9
- Boxely – para aplicaciones AOL
- GtkHTML – para Novell Evolution y otros programas GTK+
- HTMLayout – motor de renderizado embebido HTML/CSS – componente para Windows y sistemas operativos Windows Mobile
- KHTML – para Konqueror
- NetFront – para Access NetFront
- NetSurf – para NetSurf

- Presto – para Opera 7 e inferiores, Macromedia Dreamweaver MX y MX 2004 (Mac), y Adobe Creative Suite 2
- Prince XML – para Prince XML
- Robin – para The Bat!
- Tkhtml – para hv3

b) **Motores de Texto:** lynx

NAVEGADORES MODERNOS posibilidades con JavaScript

A modo de referencia para aquellas personas que quieran profundizar en la programación JavaScript vamos a citar algunas extensiones o Apis de interés con las que no hemos trabajado:

- **Api forms:** concebida para facilitar la validación de formularios definiendo eventos, estados, métodos, etc.
- **Api Indexed Database:** concebida para almacenar grandes volúmenes de información estructurada, de forma análoga a una base de datos pero con ciertas particularidades.
- **Api File:** destinadas a facilitar la operación con archivos y directorios.
- **Cross Document Messaging:** concebida para comunicar entre sí diferentes ventanas.
- **Web sockets:** concebida para envío y recepción de información del servidor en periodos cortos de tiempo, útil para aplicaciones de tiempo real (como una conversación a través de chat).
- **Web workers:** concebida para hacer posible procesar múltiples tareas al mismo tiempo (multiprocesamiento).
- **History:** concebida para permitir la navegación por páginas visitadas e incluso por estados dentro de la evolución de una web cuando no ha habido recarga explícita de la misma (por ejemplo debido al uso de Ajax).
- **Offline:** concebida para detectar la falta de conexión a internet y permitir el trabajo sin conexión.

Objeto Navigator

El objeto *navigator* se emplea habitualmente para detectar el tipo y/o versión del navegador en las aplicaciones cuyo código difiere para cada navegador. Además, se emplea para detectar si el navegador tiene habilitadas las cookies y Java y también para comprobar los plugins disponibles en el navegador

El objeto *navigator* es uno de los primeros objetos que incluyó el BOM y permite obtener información sobre el propio navegador. En Internet Explorer, el objeto *navigator* también se puede acceder a través del objeto *clientInformation*.

Propiedad	Descripción
appCodeName	Cadena que representa el nombre del navegador (normalmente es Mozilla).
appName	Cadena que representa el nombre oficial del navegador.
appMinorVersion	(Sólo Internet Explorer) Cadena que representa información extra sobre la versión del navegador.
appVersion	Cadena que representa la versión del navegador.
browserLanguage	Cadena que representa el idioma del navegador.
cookieEnabled	Boolean que indica si las cookies están habilitadas.
cpuClass	(Sólo Internet Explorer) Cadena que representa el tipo de CPU del usuario ("x86", "68K", "PPC", "Alpha", "Other").
javaEnabled	Boolean que indica si Java está habilitado.
language	Cadena que representa el idioma del navegador.
mimeTypes	Array de los tipos MIME registrados por el navegador.
onLine	(Sólo Internet Explorer) Boolean que indica si el navegador está conectado a Internet.
oscpu	(Sólo Firefox) Cadena que representa el sistema operativo o la CPU.
platform	Cadena que representa la plataforma sobre la que se ejecuta el navegador.
plugins	Array con la lista de plugins instalados en el navegador.
product	Cadena que representa el nombre del producto (normalmente, es Gecko).
productSub	Cadena que representa información adicional sobre el producto (normalmente, la versión del motor Gecko).
securityPolicy	Sólo Firefox.
systemLanguage	(Sólo Internet Explorer) Cadena que representa el idioma del sistema operativo.
userAgent	Cadena que representa la cadena que el navegador emplea para identificarse en los servidores.
userLanguage	(Sólo Explorer) Cadena que representa el idioma del sistema operativo.
userProfile	(Sólo Explorer) Objeto que permite acceder al perfil del usuario.

PASO 1: Detectar el navegador utilizado

Se crear una variable, cuyo resultado va a ser tipo lógico (Verdadero|falso), si se comprueba que el navegador utilizado es ej.: 'chrome' si >-1.

La variable es cierta se muestra un mensaje sobre el navegador utilizado.

```
function convierteSistNum(numero,baseA,baseD){
        var es_chrome = navigator.userAgent.toLowerCase().indexOf('chrome') > -1;
        if(es_chrome){
                alert("El navegador que se está utilizando es Chrome");
        }

        var es_firefox = navigator.userAgent.toLowerCase().indexOf('Firefox') > -1;
        if(es_firefox){
```

```
            alert("El navegador que se está utilizando es Firefox");
      }

      var es_opera = navigator.userAgent.toLowerCase().indexOf('opera');
      if(es_opera){
            alert("El navegador que se está utilizando es Opera");
      }

      var es_ie = navigator.userAgent.indexOf("MSIE") > -1 ;
      if(es_ie){
            alert("El navegador que se está utilizando es Internet Explorer");
      }
```

PASO 2: Detectar el navegador con condiciones múltiples y retornar un string

Se definen dos variables una con asignación directa a navigator.userAgent

```
      var sBrowser, sUsrAg = navigator.userAgent;
      if(sUsrAg.indexOf("Chrome") > -1) {
            sBrowser = "Google Chrome";
      } else if (sUsrAg.indexOf("Safari") > -1) {
            sBrowser = "Apple Safari";
      } else if (sUsrAg.indexOf("Opera") > -1) {
            sBrowser = "Opera";
      } else if (sUsrAg.indexOf("Firefox") > -1) {
            sBrowser = "Mozilla Firefox";
      } else if (sUsrAg.indexOf("MSIE") > -1) {
            sBrowser = "Microsoft Internet Explorer";
      }
      alert("Usted está utilizando: " + sBrowser);
```

PASO 3: Detectar un navegador y retornar un índice.

Este objeto simplemente nos da información relativa al navegador que esté utilizando el usuario.

Se identifica el tipo de navegador que se está utilizando, comprobando los valores en función. Se asigna el agente a una variable navigator.userAgent; se asigna a la variable nIdx la longitud del Array menos -1, los Arrays comienza con el índice a 0.

Se recorre el objeto Array desde el último elemento nIdx, con un decremento de nIdx--, y será cierto el bucle siempre y cuando nIdx sea mayor que -1 y el resultado de comprobación sUsrAg.indexOf(akeys[nIdx]) se recorra el agente del navegador sea exactamente igual a -1. Si es cierto se sale de la función retornando la posición del elemento del Array aKeys, que contiene el nombre del navegador utilizado, el resultado se visualiza en la consola del navegador.

```
      function obtenerIdNavegador() {
            var   aKeys = ["MSIE", "Firefox", "Safari", "Chrome", "Opera"];
            var   sUsrAg = navigator.userAgent;
            var   nIdx = aKeys.length - 1;

            for (nIdx; nIdx > -1 && sUsrAg.indexOf(aKeys[nIdx]) === -1; nIdx--);

            return nIdx
      }
      console.log(obtenerIdNavegador());
```

PASO 4: Información del navegador.

Se visualizar la información del navegador utilizando las propiedades del navegador. Aparece por primera vez en el BOM.

```
      <script>
            document.writeln("<br/>navigator.appCodeName: "+navigator.appCodeName);
            document.writeln("<br/>navigator.appName: "+navigator.appName);
            document.writeln("<br/>navigator.appVersion: "+navigator.appVersion);
            document.writeln("<br/>navigator.cookieEnabled: "+navigator.cookieEnabled);
            document.writeln("<br/>navigator.language: "+navigator.language);
            document.writeln("<br/>navigator.userAgent: "+navigator.userAgent);
            document.writeln("<br/>navigator.platform: "+navigator.platform);
            document.writeln("<br/>navigator.onLine: "+navigator.onLine);
      </script>
```

RESULTADOS

EDGE

navigator.appCodeName: Mozilla

navigator.appName: Netscape

navigator.appVersion: 5.0 (Windows NT 10.0; WOW64; Trident/7.0; .NET4.0C; .NET4.0E; .NET CLR 2.0.50727; .NET CLR 3.0.30729; .NET CLR 3.5.30729; InfoPath.3; rv:11.0) like Gecko

navigator.cookieEnabled: true

navigator.language: es-ES

navigator.userAgent: Mozilla/5.0 (Windows NT 10.0; WOW64; Trident/7.0; .NET4.0C; .NET4.0E; .NET CLR

2.0.50727; .NET CLR 3.0.30729; .NET CLR 3.5.30729; InfoPath.3; rv:11.0) like Gecko
navigator.platform: Win32
navigator.onLine: true

FIREFOX

navigator.appCodeName: Mozilla
navigator.appName: Netscape
navigator.appVersion: 5.0 (Windows)
navigator.cookieEnabled: true
navigator.language: es-ES
navigator.userAgent: Mozilla/5.0 (Windows NT 10.0; WOW64; rv:54.0) Gecko/20100101 Firefox/54.0
navigator.platform: Win32
navigator.onLine: true

CHROMIUM

navigator.appCodeName: Mozilla
navigator.appName: Netscape
navigator.appVersion: 5.0 (Windows NT 10.0; WOW64) AppleWebKit/537.36 (KHTML, like Gecko)
Chrome/51.0.2683.0 Safari/537.36
navigator.cookieEnabled: true
navigator.language: es
navigator.userAgent: Mozilla/5.0 (Windows NT 10.0; WOW64) AppleWebKit/537.36 (KHTML, like Gecko)
Chrome/51.0.2683.0 Safari/537.36
navigator.platform: Win32
navigator.onLine: true

PASO 5: Creamos un lista de navegadores e identificamos el tipo.

Identifica el nombre del navegador y se compara posteriormente con un índice del array creado para su identificación cuando la comparación es correcta el agente identifica el nombre del navegador y nos devuelve el índice para saber su nombre.

```
function idNavegador(){
        var agente=window.navigator.userAgent;
        var
navegadores=['Chrome',"Firefox",'Safari','Opera','Trident','MSIE','Edge','Gecko','Webk
it',''];

        for (var i in navegadores) {
            if(agente.indexOf(navegadores[i]) != -1){
                //  Se devuelve en nombre del navegador
                // return navegadores[i];
                return   i;
            }
        }
    }
```

PASO 6: Ver el navegador actual y la versión

Permite extraer el Nombre y la versión del navegador utilizado.

```
function verNavegador(){
        minavegador="Mi navegador actual es "+navigator.appName+" version
"+navigator.appVersion;
        return minavegador;
    }
```

PASO 7: Comprobar si el navegador es táctil.

Se comprueba si el tipo de pantalla es táctil o no, según el navegador. Si el valor devuelto es superior a cero es táctil

```
function esTactil(){
        let soporte=window.navigator.msMaxTouchPoints;
        if(soporte>0){
            salida="Es tactil";
        }else{
            salida="no es tactil";
        }
        return salida;
    }
```

PASO 8: Crear funciones para ver los diferentes parámetros del navegador.

Se definen unas cuantas funciones para poder obtener los valores que posee el navegador según los métodos consultados.

```
function verCodigoNavegador(){
        return window.navigator.appCodeName;
}
function verLenguajeNavegador(){
        return window.navigator.language;
}
function verTipoMime(){
        return window.navigator.mimeTypes;
}
function verPlatafotmaHW(){
        return window.navigator.platform;
}
function verPlugins(){
        return window.navigator.plugins;
}
function estadoJava(){
        return window.navigator.javaEnabled();
}
function refrescarPlugins(){
        return window.navigator.plugins.refresh(true);
}

function noRefrescarPlugins(){
        return window.navigator.plugins.refresh(false);
}
```

No.	Método	Descripción
1	javaEnabled()	Comprueba si java esta active o no.
2	taintEnabled()	checks if taint is enabled. It is deprecated since JavaScript 1.2.
	preference()	(Sólo Firefox) Método empleado

PASO 9: Comprobar diferentes parámetros del navegador

Se pueden utilizar dos formas para visualizar los datos del navegador:

a) En la consola del navegador se pueden visualizar los resultados del navegador en la consola, de las diferentes funciones puede ser de la siguiente forma:

> *console.log("Tu Navegador es "+verNavegador());*
> *console.log(idNavegador());*
> *console.log(esTactil());*
> *console.log(verCodigoNavegdor());*
> *console.log(verLenguajeNavegdor());*
>
> *console.log(verTipoMime());*
> *console.log(verPlatafotmaHW());*
> *console.log(verPlugins());*
> *console.log(estadoJava());*

b) Visualizar directamente en el documento (DOM), utilizando objetos y etiquetas del navegador.

```
<script>
        document.writeln("<br/>navigator.appCodeName: "+navigator.appCodeName);
        document.writeln("<br/>navigator.appName: "+navigator.appName);
        document.writeln("<br/>navigator.appVersion: "+navigator.appVersion);
        document.writeln("<br/>navigator.cookieEnabled: "+navigator.cookieEnabled);
        document.writeln("<br/>navigator.language: "+navigator.language);
        document.writeln("<br/>navigator.userAgent: "+navigator.userAgent);
        document.writeln("<br/>navigator.platform: "+navigator.platform);
        document.writeln("<br/>navigator.onLine: "+navigator.onLine);
</script>
```

Resultado:

> *navigator.appCodeName: Mozilla*
> *navigator.appName: Netscape*
> *navigator.appVersion: 5.0 (Windows NT 10.0; Win64; x64) AppleWebKit/537.36 (KHTML, like Gecko) Chrome/60.0.3112.90 Safari/537.36 OPR/47.0.2631.80*
> *navigator.cookieEnabled: true*
> *navigator.language: es*
> *navigator.userAgent: Mozilla/5.0 (Windows NT 10.0; Win64; x64) AppleWebKit/537.36 (KHTML, like Gecko) Chrome/60.0.3112.90 Safari/537.36 OPR/47.0.2631.80*
> *navigator.platform: Win32*
> *navigator.onLine: true*

c) Visualizar utilizando los datos del navegador utilizando el DOM, se emplea un identificador y su referencia a nivel del DOM.

```
<p id="parrafoVisualizar"></p>
<script>
      document.getElementById("parrafoVisualizar").innerHTML ="navigator.appName is "
      + navigator.appName;
</script>
```

Resultados:

navigator.appName is Netscape   (Mozilla, Opera,Chrome, IE, Chromium)

UNIDAD DE TRABAJO 3: Utilizar memoria local Storage.

PRÁCTICA 7: Conocer la memoria local Storage.
PRÁCTICA 8: Realizar el entorno de Variables Globales y Variables locales.

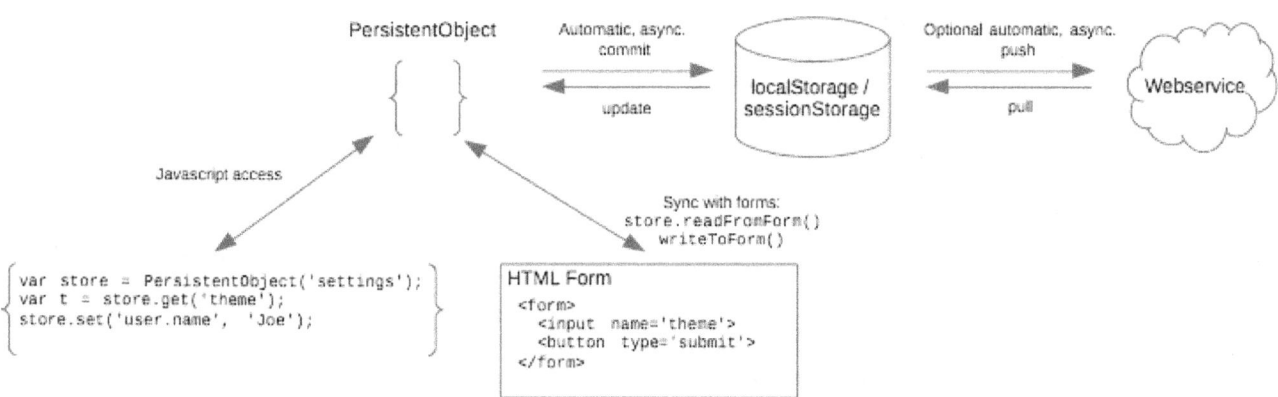

Ilustración 2. https://stackoverflow.com/questions/2010892/storing-objects-in-html5-localstorage Esquema de funcionamiento Webserver utilizando localStore/SessionStorage en el client, como se sincroniza el proceso.

Sentencias:
<input>
<form>

localStorage
sessionStorage
return

Contenidos:
- Tipos de variables globales y locales.
- LocalStorage.
- SessionStorage.

PRÁCTICA 7: Conocer la memoria local Storage

DESCRIPCION:

LocalStorage y sessionStorage son propiedades de HTML5 (web storage), que permiten almacenar datos en nuestro navegador web. De forma muy similar a como lo hacen las cookies.

- **LocalStorage**: Guarda información que permanecerá almacenada por tiempo indefinido; sin importar que el navegador se cierre.
- **sessionStorage**: Almacena los datos de una sesión y éstos se eliminan cuando el navegador se cierra, espacio limitado a 4kb. Suelen utilizarse sólo para almacenar un hash o un identificador que será utilizado por el servidor para identificar la visita. Las cookies tienen caducidad.

Las características de Local Storage y sessionStorage son:

- Permiten almacenar entre 5MB y 10MB de información; incluyendo texto y multimedia.
- La información está almacenada en la computadora del cliente y NO es enviada en cada petición del servidor, a diferencia de las cookies.
- Utilizan un número mínimo de peticiones al servidor para reducir el tráfico de la red.
- Previenen pérdidas de información cuando se desconecta de la red.
- La información es guardada por domino web (incluye todas las páginas del dominio).

localStorage vs Cookies

La mejor forma de entender por qué es necesario el **localStorage** es indicando los tres grandes problemas de las cookies:

Método o propiedad de LocalStorage	Descripción
localStorage.setItem('clave', 'valor');	Guarda la información valor a la que se podrá acceder invocando a clave. Por ejemplo clave puede ser nombre y valor puede ser operacion1.
localStorage.getItem('clave')	Recupera el value de la clave especificada. Por ejemplo si clave es nombre puede recuperar "operacion1".
localStorage[clave]=valor	Igual que setItem
localStorage.length	Devuelve el número de items guardados por el objeto LocalStorage actual
localStorage.key(i)	Cada item se almacena con un índice que comienza por cero y se incrementa unitariamente por cada item añadido. Con esta sintaxis rescatamos la clave correspondiente al item con índice i.
localStorage.removeItem(clave)	Elimina un item almacenado en localStorage
localStorage.clear()	Elimina todos los items almacenados en localStorage, quedando vacío el espacio de almacenamiento.

Acceso a la consola [CTRL]+[SHIFT]+i

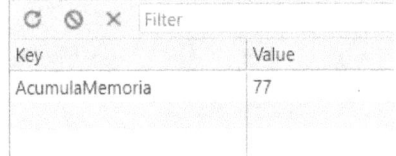

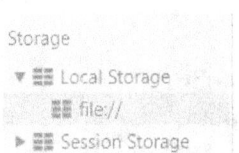

PRÁCTICA 8: Realizar el entorno de Variables Globales y Variables locales.

DESCRIPCIÓN:

Realizar el entorno de botones de gestión de botones que almacenen datos en memoria, en variable locales, a la que se puede: Asignar un valor inicial, Sumar valores o resultados, Restar valores y resultados, Visualizar el contenido de la variable global, Borrar el contenido de la variable global.

Se desarrolla un botón select que permite establecer el tipo de almacenamiento que se va a utilizar: variables globales o memoria local storage más la variable global.

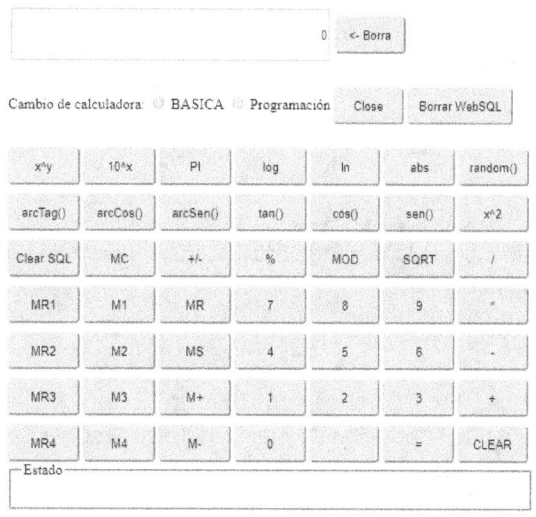

Las dos calculadoras representan el esquema de partida más el esquema final, en el que no aparece el control de almacenamiento.
- Variable globales se utiliza(M+, M-, MS, MR).
- Variable Local, se definen 4 variable y se almacenan en M1...M4, se borra con MC y se visualiza con MR1...MR4.

PASO 1: Desarrollo del interfaz gráfico.

Se muestra las etiquetas que forman el <body> de esta calculadora. Se muestra solo la implementación del formulario:

a) En la etiqueta <input> de texto para la introducción de datos, para esta estructura se permiten todo tipo de caracteres. Hay que cambiarlo para solo tratar con números especificando en el atributo type="text" por type="number" de name="display".

b) Se definen todos y cada uno de los botones.

c) Solo están activos los números, operaciones (+,-,*,/,%) junto con el cambio de signo.

Aunque en fase de diseño inicial no se permite cambiar de calculadora y se aprecia que los botones MS, M+,M-, MR, MC, en fase inicial no estarán activos. Solo se diseña la estructura junto con la parte inferior Almacenamiento en variables globales por defecto y se implementa después como Local Storage, a nivel de variable valor. Inicialmente funcionan pero a nivel de uso de una variable Global que almacenará los datos. Posteriormente se implementa el cambio.

```
<form name="calbasica" action="">
        <input type="text"   name="display" id="visor" value="0" style="text-align: right;">
        <!--pattern="/[0-9]+\.{[0-9]*}/"-->
        <br/>
        <input class="boton" type="button" onclick="reset()"  value="CE" />
        <br/>
        <input class="boton" type="button" name="borraMC" onclick="borraMemoria()" value="MC"  />
        <input class="boton" type="button" name="Csigno" onclick="cambiarSigno()"  value="+/-" />
        <input class="boton" type="button" name="modulo" onclick="operacion(5)"  value="MOD" />
        <input class="boton" type="button" name="porciento" onclick="porcentaje()"  value="%" />
        <input class="boton" type="button" name="suma" onclick="operacion(1)"  value="+" />
        <br/>
        <input class="boton" type="button" name="leeMR" onclick="leeMemoria()"  value="MR" />
        <input class="boton" type="button" name="siete" onclick="acumulaVer(siete.value)"  value="7" />
        <input class="boton" type="button" name="ocho" onclick="acumulaVer(ocho.value)"  value="8" />
        <input class="boton" type="button" name="nueve" onclick="acumulaVer(nueve.value)"  value="9" />
        <input class="boton" type="button" name="resta" onclick="operacion(2)"  value="-" />
        <br/>
        <input class="boton" type="button" name="asignaMS" onclick="asignaMemoria()"  value="MS" />
        <input class="boton" type="button" name="cuatro" onclick="acumulaVer(cuatro.value)"  value="4" />
        <input class="boton" type="button" name="cinco" onclick="acumulaVer(cinco.value)"  value="5" />
        <input class="boton" type="button" name="seis" onclick="acumulaVer(seis.value)"  value="6" />
        <input class="boton" type="button" name="multi" onclick="operacion(3)"  value="*" />
        <br/>
        <input class="boton" type="button" name="sumaM" onclick="sumaMemoria()"  value="M+" />
        <input class="boton" type="button" name="uno" onclick="acumulaVer(uno.value)"  value="1" />
        <input class="boton" type="button"  name="dos" onclick="acumulaVer(dos.value)"  value="2" />
        <input class="boton" type="button"  name="tres" onclick="acumulaVer(tres.value)"  value="3" />
        <input class="boton" type="button" name="divide" onclick="operacion(4)"  value="/" />
            <br/>
            Almacenamiento:
```

```
<br/>
<input type="radio"  name="almacenaMemoria" value="global" onclick="controlAlmacenaGlobal()"
checked > Variable Global<br/>
<input type="radio" name="almacenaMemoria" value="lstorage" onclick="controlAlmacenaLstorage()" >
LocalStorage<br/>
</form>
```

PASO 2: Definir la función de controlAlmacenaGlobal()

Controla el almacenamiento global, usando una variable que permite controlar la ubicación de los datos en memoria global, si controltipoMemoria tiene el valor false, las variables de memoria tiene el valor False. No utilizará memoria local Storage.

```
function controlAlmacenaGlobal(){
        controltipoMemoria=false;
        borrarLS();
}
```

PASO 3: Definir la función de controlAlmacenaLstorage()

Controla la utilización o no de la memoria Local Storage, por mediación de la variable controltipoMemoria, si está a true se utiliza memoria Local Storage.

```
function controlAlmacenaLstorage(){
        controltipoMemoria=true;
}
```

PASO 4: Almacenar el contenido de las variables en Local Storage()

Almacena el contenido de la posición de memoria Local Storage, se especifica el nombre el ítem "AcumulaMemoria", utiliza el valores variable = valor.

```
function almacenaLS(){
        localStorage.setItem("AcumulaMemoria", memoriCal);
        //Actualizar navegador con CTRL+F5
}
```

PASO 5: Borrar el contenido de las variables Local Storage()

Borrar el contenido de la posición de memoria Local Storage, se especifica el nombre el ítem "AcumulaMemoria".

```
function borrarLS(){
        localStorage.removeItem("AcumulaMemoria",
memoriCal);
        //Actualizar navegador con CTRL+F5
}
```

> El método removeItem() de la interfaz Storage elimina la clave cuyo nombre recibe por parámetro del almacenamiento.
> storage.removeItem(keyName);
> Ej.: localStorage.removeItem('Ver');

PASO 6: Convertir el valor a visualizar en un número flotante parseVisor()

Esta función convierte el contenido de la variable valorvisualiza (variable global) de tipo texto a numérica flotante, invocando a la función parseFloat(valorvisualiza), el resultado devuelto es a su vez devuelto con un return a la función que la invocó.

```
function parseVisor(){
        return parseFloat(valorvisualiza);
}
```

PASO 7: Función que permite sumar el contenido de la variable global valorvisualiza sumaMemoria()

La variable memoriCal es una acumulador que suma el valor que contenga la variable del campo INPUT type="text", es una variable global valorvisualiza, se invoca a la función parseVisor(), que convierte el contenido de la variable que es de texto a numérica flotante , invocando a la función parseFloat(valorvisualiza).

```
function sumaMemoria(){
        memoriCal+=parseVisor();
        if(controltipoMemoria){
                almacenaLS();
        }

}
```

PASO 8: Restar de la variable global el valor del campo Input restaMemoria()

La función de restaMemoria(), resta el contenido de visualización al valor de la memoriCal. Si la condición del controltipoMemoria es cierto se llama a la función almacenaLS().

```
function restaMemoria(){
        memoriCal-=parseVisor();
        if(controltipoMemoria){
                almacenaLS();
        }

}
```

PASO 9: Asignar un valor inicial a la memoria global asignaMemoria()

Asignar el contenido de la variable del visor que es devuelto por la función parseVisor() a la variable memoriaCal, si la variable controltipoMemoria es cierto se llama a la función almacenaLS().

```
function asignaMemoria(){
        memoriCal=parseVisor();
```

```
        if(controltipoMemoria){
            almacenaLS();
        }
    }
```

PASO 10: Visualizar en pantalla el valor acumulado leeMemoria()

Si el valor de controltipoMemoria es cierto se asigna el valor de la memoria local Store se lee y se deposita en la variable numeroCal.

```
function leeMemoria(){
    visor.value=memoriCal;
    if(controltipoMemoria){
        numeroCal=localStorage.getItem("AcumulaMemoria");
    }
}
```

PASO 11: Borrar de la memoria el valor acumulado BorrarMemoria()

Si se tiene definido algún valor en la memoria Local Store la variable controltipoMemoria es cierta se llama a la función borrarLS().

```
function borraMemoria(){
    memoriCal=0;
    if (controltipoMemoria){
        borrarLS();
    }
}
```

PASO 1: Acceso a la memoria Local Storage

Se utiliza la memoria Local Storage para almacenar valores, M1, M2, M3 y M4. Se crean cuatro pares e valores: AcumulaMemoriaUno,…,AcumulaMemoriaCuatro.

Con el botón MMC se borran los valores de Key= value.

PASO 2: Recuperar valores Local Storage

Se utilizan los valores almacenados en Local Storage desde M1,…,M4. Se recupera cada posición con MR1,…,MR4, correlativamente. Con MMC se produce el Borrado completo de Local Storage.

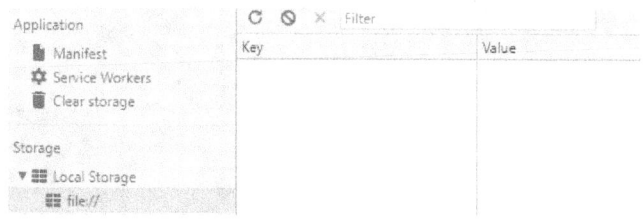

UNIDAD DE TRABAJO 4: Gestión de los Eventos de teclado

PRÁCTICA 9: Analizar la tecla pulsada del teclado.
PRÁCTICA 10: Crear una pila de ejecución o de eventos.
PRÁCTICA 11: Gestionar la tecla pulsada como evento.
PRÁCTICA 12: Gestión de mensajes de Error

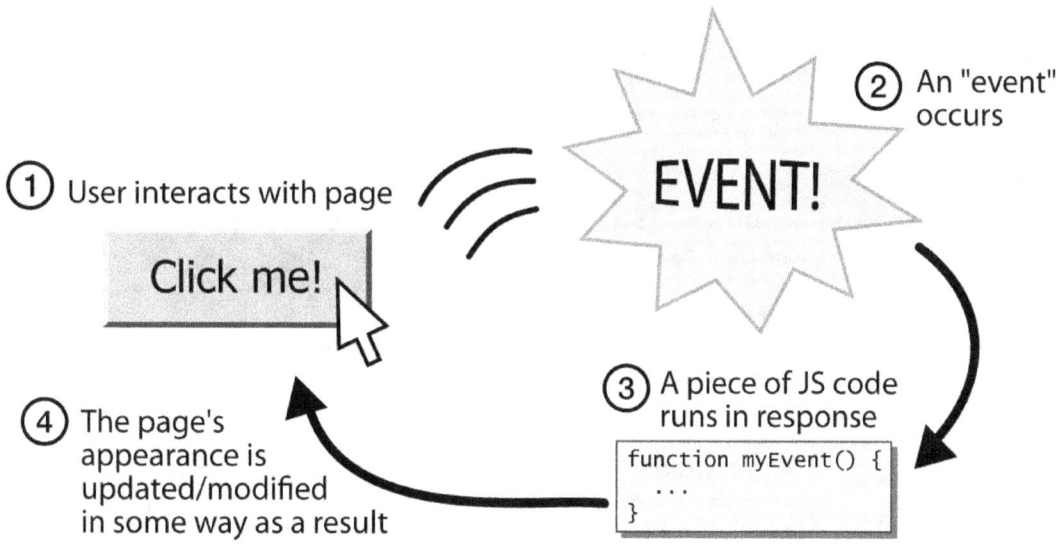

https://thienanblog.com/javascript/javascript-co-ban/bai-8-tim-hieu-su-kien-trong-javascript/

Ilustración 3. https://thienanblog.com/javascript/javascript-co-ban/bai-8-tim-hieu-su-kien-trong-javascript/ Funcionamiento básico del funcionamiento de un evento en función de un clic o cualquier otra ocurrencia

Contenidos:
- Eventos de teclado.
- Propiedades de eventos onkeydown, onkeyup, onkeypress.
- Pila de ejecución de eventos.
- Manejadores de eventos.
- Analizar teclas pulsadas.

Sentencias:
window.onload
window.addEventListener()
window.attachEvent()
e
event
window.Wich
window.keyCode
window.AltKey
window.CtrlKey
window.ShifKey

PRÁCTICA 9: Analizar la tecla pulsada del teclado

DESCRIPCIÓN:

En esta práctica se analiza el control desde teclado de los posibles eventos básicos, para poder saber las teclas pulsadas.

La propiedad keyCode devuelve el código de caracteres Unicode de la tecla que activa la **onkeypress** evento o el código de clave de Unicode de la tecla que activa la **onkeydown** o **onkeyup** evento.

La diferencia entre los dos tipos de códigos:

- Los códigos de caracteres - Un número que representa un carácter ASCII
- Los códigos clave - Un número que representa una llave real en el teclado

La pulsación de las teclas son las mismas tanto en mayúsculas con en minúsculas ejemplo "w" y "W" tiene el mismo código de teclado. Se recoge el código de la tecla pulsada que es 87, pero existe diferencia entre el código del carácter a representar w=119 y W=87.

> En Firefox, la propiedad keyCode no funciona en el caso onkeypress (sólo devolverá 0). Para una solución multinavegador, utilice el que la propiedad junto con which.

Para averiguar si el usuario está presionando una tecla para imprimir, se recomienda utilizar la propiedad **onkeypress**.

Para averiguar la tecla de función que se está presionando se aconseja utilizar el evento **onkeydown** o **onkeyup**.

Propiedad	Descripción o valores que devuelven
AltKey	**true** si la tecla ALT estaba pulsada cuando se produjo el evento **false** si la tecla ALT no estaba pulsada.
CtrlKey	**true** si la tecla CTRL estaba pulsada cuando se produjo el evento **false** sino estaba pulsada CTRL.
ShiftKey	true si la tecla SHIFT estaba pulsada cuando se produjo el evento, false SHIFT no pulsado.
CharCode	Devuelve el código del carácter UNICODE generado por el evento keypress. Se recomienda usar wich en lugar de charCode.
KeyCode	Devuelve el código de tecla pulsada para eventos keydown y keyup
Wich	Devuelve el código del carácter UNICODE generado por el evento keypress.
data, metakey	Otras propiedades.
altLeft, ctrlLeft, shiftLeft, isChar	Otras propiedades no estandarizadas, solo funcionan en algunos navegadores.

PASO 1: Analizar las teclas pulsadas.

Se define en HTML las funciones a llamar, por defecto al cargar las etiquetas por defecto. Si se pulsa una tecla se llama a la función mostrarInfCaracter, la tecla

```
<!DOCTYPE html>
<html>
<head>
<title>GESTION DE EVENTOS SEGUN LA TECLA PULSADA</title>
<meta charset="utf-8">
<script type="text/javascript">
        var eventoControlado = false;
        // Gestión de eventos en función de las teclas que se han pulsado
        window.onload = function() {
                document.onkeypress = mostrarInfCaracter;
                document.onkeyup = mostrarInfTecla;
        }
</script>
```

PASO 2: Analizar las teclas pulsadas.

Se crea un función anónima que realiza la una definición de las posibles teclas cuando se pulsa. Es como si se estableciera la configuración predeterminada de una pila de eventos que controla las llamadas implícitas cada vez que se produzca una pulsación de una tecla.

```
function mostrarInfCaracter(evObject) {
        var msg = '';
        var elCaracter = String.fromCharCode(evObject.which);
        if (evObject.which!=0 && evObject.which!=13) {
                msg = 'Tecla pulsada: ' + elCaracter;
                control.innerHTML += msg + '---------------------------<br/>';
        } else { msg = 'Pulsada tecla especial';
                control.innerHTML += msg + '---------------------------<br/>';
        }
        eventoControlado=true;
}
```

> NOTA: Existen problemas con las teclas de borrado se explicara más adelante.

PASO 3: Analizar las teclas pulsadas.

Se analizar la tecla pulsada. La tecla pulsada se recoge como un evento. La propiedad keyCode devuelve el código de caracteres Unicode de la tecla que activa la onkeypress evento o el código de clave de Unicode de la tecla que activa la onkeydown o onkeyup evento.

La diferencia entre los dos tipos de códigos:

- Los códigos de caracteres - Un número que representa un carácter ASCII.
- Los códigos clave - Un número que representa una llave real en el teclado.

```
function mostrarInfTecla(evObject) {
        var msg = '';
        var teclaPulsada = evObject.keyCode;
        if (teclaPulsada == 20) {
                msg = 'Pulsado caps lock (act/des mayúsculas)';
        } else if (teclaPulsada == 16) {
                msg = 'Pulsado shift';
        } else if (eventoControlado == false) {
                msg = 'Pulsada tecla especial';
        }
        if (msg) {
                control.innerHTML += msg + '          <br/>';
        }
                eventoControlado = false;
}
```

En el cuerpo de HTML, definimos las siguientes etiquetas.

```
<body>
<div id="Se analiza la siguientes teclas pulsadas en el campo de formulario">
    <h2>La tecla pulsada que se analiza es :</h2>
    <h3>Analizando las teclas pulsadas JavaScript, se analizan como evento: pulse una
tecla</h3>
</div>
<div id="control"> </div>
<form name="miFormulario" >
    <input  type="text"  name="lee" value="Pulsa una tecla">
</form>
</body>
</html>
```

A medida que se van pulsando teclas en el formulario en el campo input, se lanza el evento y se aprecia la tecla pulsa.

PRÁCTICA 10: Crear una pila de ejecución o de eventos

DESCRIPCIÓN:

Cuando se enfrentan a un JavaScript, lo navegadores comienzan a interpretar las líneas de código en el momento mismo en el que las descargan. Esto supone que podemos obtener errores inesperados. El ejemplo clásico es addEventListener.

document.getElementById('enviar').addEventListener('click',validar,false);

Lo que hace es añadir una escucha a un botón identificado como enviar, para lanzar la función validar en el momento en que el usuario haga clic en el mismo, y así prescindir del atributo onclick. La línea es correcta, el botón existe y está correctamente identificado, pero ocurre que la función no se ejecuta. ¿Por qué? Pues lo más común es que el script haya sido vinculado en la cabecera del documento. Así, el navegador lee las líneas de JavaScript y la ejecuta inmediatamente, antes de que haya cargado la parte del documento en la que existe el botón.

Para evitar este problema, lo solucionamos colocando la llamada al archivo .js justo antes del cierre del elemento body, para asegurarse de que todos los posibles elementos sobre los que vaya a trabajar el script se han cargado previamente. Sin embargo, desde el punto de vista del código semántico, el body debe incluir los contenidos del documento, no un script, que pertenece a la capa de comportamientos. Su ubicación correcta es, por tanto, el head. Lo que se hace es incluir los enunciados en una función y especificar que ésta se ejecute cuando el documento haya terminado de cargar. Eso se puede lograr por medio de una línea como ésta:

window.onload = nombre_de_la_funcion;

addEventListener() Registra un evento en un objetivo específico. El **objeto** específico Puede ser un simple elemento en un archivo, el mismo documento, una ventana, o un ***XMLHttpRequest***.

Para registrar más de un evento, puedes llamar ***addEventListener*** () para el mismo elemento pero con diferentes tipos de eventos o parámetros de captura, separándolos como diferentes entradas (;).

```
target.addEventListener(tipo, listener [, useCapture ]);
target.addEventListener(tipo, listener [, useCapture , wantsUntrusted   ]);
// Gecko/Mozilla only
```

Parámetro	Descripción
Tipo	Una cadena representando el tipo de evento a escuchar.
Listener	El objeto que recibe una notificación cuando un evento del tipo especificado ocurre. Debe ser un objeto implementando la interfaz EventListener o solo una función en JavaScript.
useCapture Opcional	Si es true, useCapture indica que el usuario desea iniciar la captura. Después de iniciar la captura, todos los eventos del tipo son lanzados al listener registrados antes de comenzar a ser controlados por algún EventTarget que está por debajo del árbol DOM del documento.

Adición de datos personalizados - CustomEvent ()

Para agregar más datos al objeto de evento, existe la interfaz CustomEvent y se puede utilizar la propiedad **detail** para pasar datos personalizados.

MÉTODOS element.addEventListener

Los métodos de los eventos son: addEventListener(), attachEvent(), detachEvent(), dispatchEvent(), fireEvent(), removeEventListenewer().

EVENTOS element.addEventListener

Los eventos aplicados son: abort, beforeinput, blur, click, compositionstart, compositionupdate, compositionaend, dblclick, error, focus, focusin, focusout, input, keydown, keyup, load, mousedown, mouseenter, mouseleave, mousemove, moseout, mouseover, mouseup, resize, scroll, select, unload, sheel.

PASO 1: Pila de eventos

¿Qué ocurre si lanzamos más de una función?

```
window.onload = funcionA;
window.onload = funcionB;
window.onload = funcionC;
```

Las funciones son las siguientes

```
function funcionA(){ alert("Se ha ejecutado la función A");}
function funcionB(){ alert("Se ha ejecutado la función B");}
function funcionC(){ alert("Se ha ejecutado la función C");}
```

Solución 1:

Solo se ejecutaría la última, ya que solo se debe especificar una única función al cargar window.onload

```
function cargaInicial(){
    funcion_primera();
    funcion_segunda();
    funcion_tercera();
```

```
                  }
```

Invocamos a la función de carga del resto de las funciones.
```
      window.onload = cargaInicial;
```

Llamar a una función en la carga del documento HTML.
```
      function inicioCarga() {
                  iniciarBD;
                  cargaDatosBD;
                  mostrarDatosBD;
                  verTipoNavegador;
                  };
      function iniciarBD(){ …};
      function cargaDatosBD() {…};
      function mostrarDatosBD() {…};
      function verTipoNavegador(){…};

      window.onload = inicioCarga;
```

Solución 2:

No es la solución ideal a menos que todas y cada una de las funciones que queramos lanzar estén en el mismo archivo .js. Con diversos scripts vinculados nos encontraríamos de nuevo con la situación inicial. Por ello, es más eficaz asignar el evento load a window con la función que se desea ejecutar. Como se puede asignar una escucha de forma independiente para cada función, desde diversos .js se pueden lanzar diversas funciones. En este último ejemplo vinculo tres .js independientes, uno con cada función, y en cada uno se a añaden líneas como éstas:
```
      if (document.addEventListener){
          window.addEventListener('load',la_funcion_que_sea_nueva,false);
      } else {
          window.attachEvent('onload',la_funcion_que_sea);
      }
```
El resultado es el mismo que en el segundo ejemplo, pero la solución es más flexible.

Está en desuso, es propio de Microsoft usado en IE9, a partir de la versión 11 no está disponible.

PRÁCTICA 11: Gestionar la tecla pulsada como evento.

DESCRIPCIÓN:

LOS MANEJADORES DE EVENTOS

Un evento de JavaScript por sí mismo carece de utilidad. Para que los eventos resulten útiles, se deben asociar funciones o código JavaScript a cada evento. De esta forma, cuando se produce un evento se ejecuta el código indicado, por lo que la aplicación puede *responder* ante cualquier evento que se produzca durante su ejecución.

Las funciones o código JavaScript que se definen para cada evento se denominan *"manejador de eventos"* y como JavaScript es un lenguaje muy flexible, existen varias formas diferentes de indicar los manejadores:

- Manejadores como atributos de los elementos XHTML.
- Manejadores como funciones JavaScript externas.
- Manejadores *"semánticos"*

LISTA DE EVENTOS JAVASCRIPT

Tipo de evento	Nombre con prefijo on (eliminar cuando proceda)	Descripción aprenderaprogramar.com
Relacionados con el ratón	onclick	Click sobre un elemento
	ondblclick	Doble click sobre un elemento
	onmousedown	Se pulsa un botón del ratón sobre un elemento
	onmouseenter	El puntero del ratón entra en el área de un elemento
	onmouseleave	El puntero del ratón sale del área de un elemento
	onmousemove	El puntero del ratón se está moviendo sobre el área de un elemento
	onmouseover	El puntero del ratón se sitúa encima del área de un elemento
	onmouseout	El puntero del ratón sale fuera del área del elemento o fuera de uno de sus hijos
	onmouseup	Un botón del ratón se libera estando sobre un elemento
	contextmenu	Se pulsa el botón derecho del ratón (antes de que aparezca el menú contextual)
Relacionados con el teclado	onkeydown	El usuario tiene pulsada una tecla (para elementos de formulario y body)
	onkeypress	El usuario pulsa una tecla (momento justo en que la pulsa) (para elementos de formulario y body)
	onkeyup	El usuario libera una tecla que tenía pulsada (para elementos de formulario y body)
Relacionados con formularios	onfocus	Un elemento del formulario toma el foco
	onblur	Un elemento del formulario pierde el foco
	onchange	Un elemento del formulario cambia
	onselect	El usuario selecciona el texto de un elemento input o textarea
	onsubmit	Se pulsa el botón de envío del formulario (antes del envío)
	onreset	Se pulsa el botón reset del formulario
Relacionados con ventanas o frames	onload	Se ha completado la carga de la ventana
	onunload	El usuario ha cerrado la ventana
	onresize	El usuario ha cambiado el tamaño de la ventana
Relacionados con animaciones y transiciones	animationend, animationiteration, animationstart, beginEvent, endEvent, repeatEvent, transitionend	
Relacionados con la batería y carga de la batería	chargingchange, chargingtimechange, dischargingtimechange, levelchange	
Relacionados con llamadas tipo telefonía	alerting, busy, callschanged, connected, connecting, dialing, disconnected, disconnecting, error, held, holding, incoming, resuming, statechange	
Relacionados con cambios en el DOM	DOMAttrModified, DOMCharacterDataModified, DOMContentLoaded, DOMElementNameChanged, DOMNodeInserted, DOMNodeInsertedIntoDocument, DOMNodeRemoved, DOMNodeRemovedFromDocument, DOMSubtreeModified	
Relacionados con arrastre de elementos (drag and drop)	drag, dragend, dragenter, dragleave, dragover, dragstart, drop	
Relacionados con video y audio	audioprocess, canplay, canplaythrough, durationchange, emptied, ended, ended, loadeddata, loadedmetadata, pause, play, playing, ratechange, seeked, seeking, stalled, suspend, timeupdate, volumechange, waiting, complete	
Relacionados con la conexión a internet	disabled, enabled, offline, online, statuschange, connectionInfoUpdate	
Otros tipos de eventos	Hay más tipos de eventos: relacionados con la pulsación sobre pantallas, uso de copy and paste (copiar y pegar), impresión con impresoras, etc.	

PASO 1: Control operaciones

Se define una variable global que controla si se puede realizar o no el control de operación si se ha pulsado ENTER o INTRO. Por defecto está a false.

noOperar=false;

Valores variable noOperar	Descripción
False	No permite que se pueda realizar una operación por que no se encuentran introducidos el primer operando más la operación más algún dígito del segundo operando
True	Se asigna este valor si ya se tiene primer operando más la operación y un dígito del segundo operando, en ese momento si se pulsa la [ENTER]

PASO 2: Gestionar la tecla pulsada como un evento

En IE se puede acceder al objeto Event por medio del objeto explícito window.event, mientras que en los otros navegadores, se accede pasando un parámetro a la función del control del evento, ejemplo tipo:

```
document.onclic= function(e){
        var e= window.event ||e;
}
```

Es igual a la definición condicionada en línea, si es cierto se asigna e, sino es falso, se asigna event.

var evt=e?e:event;

La siguiente función gestiona la tecla pulsada como un evento, y se analiza en función de la tecla si evt corresponde a la tecla keypress en IE se asigna evt.which, si es otro navegador se asigna keyCode.

```
function tecla(e){

        var evt=e?e:event;
        var tecla=window.event?evt.which:evt.keyCode;
        console.log("la tecla pulsada "+tecla);
        if(!tecla>=48 && tecla<=57){
                evt.returnValue=false;
}
```

> La propiedad KeyCode en el evento keypress contiene el código ASCII, del carácter de la tecla. Si se pulsa la tecla A nos devuelve 65.
> tecla=String.fromCharCode(keyCode);

PASO 3: Analizar la Tecla pulsada como un patrón

Se capturar el evento como un código de la tecla pulsada, se invoca a la función teclaPatron(e) recoge el evento en el objeto e y se analiza la ejecución del documento, si se produce un evento document.all es cierto y se ejecuta e.keyCode, si es falso se ejecuta e.witch, el resultado de ambas se asigna a la variable tecla.

```
tecla=(document.all)?e.keyCode:e.which;
```

Se visualiza el resultado de la tecla pulsada en console.log.

```
console.log("tu tecla "+tecla);
```

La variable caract recoge el valor de la cadena resultante del código de carácter de la variable **tecla.**

```
caract=String.fromCharCode(tecla);
```

```
function teclaPatron(e){
        tecla=(document.all)?e.keyCode:e.which;
        // Control tecla especiales y nos salimos de la función
        If (tecla==16) return true;
        If (tecla==17) return true;

        mipatron="/[0-9]/";
        console.log("tu tecla "+tecla);
        caract=String.fromCharCode(tecla);
        console.log("valor String "+caract);
}
```

PASO 4: Se analizar la tecla pulsada si es blackspace

Se invoca a esta función controlBorrar(e), se envía el evento como objeto e. Se analiza el objeto e si es cierto, se recoge el evtBorrar=e sino es cierto se recoge evtBorrar=event.

Se utiliza una variable bolean para establecer el valor false.

salida=false;

Se analiza el código de la tecla pulsada utilizando una condición, windows.event si se ha producido el evento, Windows.event es cierto y se ejecuta evtBorrar.which, si es falso se analiza evtBorrar.keyCode.

```
var teclaBorrar=window.event?evtBorrar.which:evtBorrar.keyCode;
```

Si el resultado de la ejecución del evento corresponde a la pulsación de la tecla backspace, el valor 8, se invoca a la función **borrarDigito()**. Desapareciendo de la pantalla el último dígito pulsado, o el menos significativo del campo de visualización.

```
function controlBorrar(e){
        controlMsgError("");
        var evtBorrar=e?e:event;
        salida=false;
        var teclaBorrar=window.event?evtBorrar.which:evtBorrar.keyCode;

        let teclaPulsada="";
```

```
                // Codificación válida para analizar
                switch (teclaBorrar){
                        case 8:
                                // borrar el ultimo digito
                                borrarDigito();
                                break;
                        default:
                }
        }
```

PASO 5: analizar la Tecla pulsada reconocida como evento según tabla ASCII UTF-8

Se analizan los caracteres pulsados:
- Números desde el código 48 al 57.
- Punto decimal código 46.
- Las operaciones : + código 43, - código 45 , * código 42 , / código 47 , = código 23 (ENTER).

En las condiciones múltiples en cada una se asigna un valor diferente a la variable teclaPulsada , recoge una cadena con el valor pulsado, numérico o punto decimal.

```
                teclaPulsada="0";
```

En el caso de que se pulse ENTER o la tecla =, se invoca a la función resultadoOp() siempre que existan dos operandos, sino existen dos operandos la variable noOperar es falsa, si la variable es cierta existen dos operandos y se llama a la función de ejecutar la operación: Para ejecutar la operación debe de existir: primer_operador operando segundo_operador (=) [ENTER] se ejecutan la operación.

```
                if(noOperar){
                        resultadoOp();
                        noOperar=false;
                }else{
                        //msgError
                        controlMsgError(errores[0]);
                }
```

En caso contrario se ejecuta la función **controlMsgError(errores[0]),** para visualizar un mensaje de error.

Al final de la condición múltiple switch, se recoge en el valor de retorno del evento evt.returnValue el valor de la variable salida, cuyo valor se inicia al principio como false y se asigna el valor falso.

```
                evt.returnValue=salida;
```

Se vuelve a analizar de nuevo las teclas pulsadas si son dígitos numéricos, se llama a la función **acumulaVer** y se le pasa el valor de la tecla pulsada **teclaPulsada**, para que acumule el dígito al operador que corresponda actualmente.

```
                if(tecla>=48 && tecla<=57){
                // Se llama a la función de acumulación del carácter pulsado, como dígito del operando
                        acumulaVer(teclaPulsada);
                }
```

Código completo de la función:

```
        function controlNumericos(e){
                controlMsgError("");
                var evt=e?e:event;
                salida=false;
                var tecla=window.event?evt.which:evt.keyCode;
                let teclaPulsada="";
                // Condificacion válida para analizar
                switch(tecla){
                        case 48:  // salida=true;
                                teclaPulsada="0";
                                break;
                        case 49:   // salida=true;
                                teclaPulsada="1";
                                break;
                        case 50:
                                teclaPulsada="2";
                                break;
                        case 51:
                                teclaPulsada="3";
                                break;
                        case 52:
                                teclaPulsada="4";
                                break;
                        case 53:
                                teclaPulsada="5";
                                break;
                        case 54:
                                teclaPulsada="6";
                                break;
                        case 55:
                                teclaPulsada="7";
```

> **Propiedades.**
> altKey: se ha pulsado la tecla ALT
> ctrlKey se ha pulsado la tecla CTRL
> shiftKey se ha pulsado la tecla SHIFT
> if (event.altKey) {
>   alert('Se encuentra pulsada la tecla');
> }

```
            break;
        case 56:
            teclaPulsada="8";
            break;
        case 57:
            teclaPulsada="9";
            break;
        case 46: //  Tecla pulsada   .
            acumulaVer(".")
            break;
        case 43: // +
            operacion(1);
            noOperar=true;
            break;
        case 45: // -
            operacion(2);
            noOperar=true;
            break;
        case 47:  // /
            operacion(4);
            noOperar=true;
            break;
        case 42:  // *
            operacion(3);
            noOperar=true;
            break;
        case 13: // =
            if(noOperar){
                resultadoOp();
                noOperar=false;
            }else{ //msgError
                controlMsgError(errores[0]);
            }
            break;
        default:
            // controlMsgError(errores[4])
            console.log("tecla pulsada diferente a las permitidas");
    }
    evt.returnValue=salida;
    if(tecla>=48 && tecla<=57){
        //  Se llama a la función de acumulación del carácter pulsado,
        // como dígito del operando
        acumulaVer(teclaPulsada);
    }
    // finalización de la función
}
```

PASO 6: Analizar la Tecla pulsada reconocida como evento según tabla ASCII UTF-8 Teclas alfanuméricas

Se agregan los siguientes opciones case, opciones solo válidas si la calculadora es alfanumérica. Se contempla la posibilidad de pulsar las letras del alfabeto de la A..F tanto en mayúsculas como minúsculas a..z.

```
        case 65:
            //Tecla A
            teclaPulsada="A";
            break;
        case 97:
            // Tecla  a
            teclaPulsada="A";
            break;
        case 66:
            //Tecla B
            teclaPulsada="B";
            break;
        case 98:
            //Tecla b
            teclaPulsada="B";
            break;
        case 67:
            //Tecla C
            teclaPulsada="C";
            break;
        case 99:
            // Tecla c
            teclaPulsada="C";
            break;
```

```
case 68:
     //Tecla D
     teclaPulsada="D";
     break;
case 100:
     // Tecla d
     teclaPulsada="D";
     break;
case 69:
     //Tecla E
     teclaPulsada="E";
     break;
case 101:
     // Tecla e
     teclaPulsada="E";
     break;
case 70:
     //Tecla F
     teclaPulsada="F";
     break;
case 102:
     // Tecla f
     teclaPulsada="F";
     break;
```

PASO 7: Acumula físicamente último dígito de la cadena visualizada

Esta condición es una repetición de la condición múltiple con el objetivo de según las teclas pulsadas en función del rango si son números, teclas alfanuméricas Mayúsculas o Minúsculas, o bien, caracteres especiales como el punto decimal. Si es cualquier otro carácter no se invoca a la función acumulaVer(teclaPulsada),

```
if (tecla>=48 && tecla<=57 || tecla>=65 && tecla<=70 || tecla>=97 && tecla<=102){
     acumulaVer(teclaPulsada);
}
```

PASO 8: Borrar físicamente el último dígito de la cadena visualizada

Se realiza una prueba de visualización previa en la consola, para ver el valor actual de la variable **valorvisualiza**.

```
console.log(valorvisualiza);
```

Obtenemos la longitud de la cadena.

```
let long=valorvisualiza.length;
```

Si la longitud es menor a 1 es que no tiene caracteres, con lo cual no se puede borrar y se muestra un error en la consola.

```
if (long<1){
     console.log("ERROR: longitud de la cadena 0 no se puede borrar ningún dígito");
}
```

Si la longitud de la cadena es superior a 1 es que existe como mínimo un carácter y se puede borrar, se procede extrayendo de la cadena valorvisualiza, todos los caracteres desde la posición 0 hasta la longitud actual menos 1. Conseguimos que se elimine en la asignación el último carácter de la cadena (queda borrado), se asigna en una variable de ámbito local a borrarCal.

```
let borrarCal=valorvisualiza.substr(0,long-1);
```

Se vuelve a reasignar a la variable global valorvisualiza el valor de la variable local borrarCal, ya quedo borrado el último carácter.

```
valorvisualiza=borrarCal;
```

Se invoca a la función de visualización de valorvisualiza (en el display de la calculadora).

```
verVisualiza();
```

Visualización de la función completa.

```
function borrarDigito(){
     console.log(valorvisualiza);
     let long=valorvisualiza.length;
     if(long<1){
          console.log("ERROR: longitud de la cadena 0 no se puede borrar ningún
          dígito");
     }else{
          let borrarCal=valorvisualiza.substr(0,long-1);
          valorvisualiza=borrarCal;
          verVisualiza();
     }
}
```

PRÁCTICA 12: Gestión de mensajes de Error

DESCRIPCIÓN:

Se define una variable tipo objeto Array() y global con el nombre de **errores**, cada número contendrá un código de error, se invoca a la función listaMsgError(); para cargar los mensajes de error del array en memoria, se le pasa el código del error. Es obligatorio cargar inicialmente la matriz de errores, para que este cargado en memoria.

```
var errores=new Array();
listaMsgError();
```

PASO 1: Gestión de la visualización de los mensajes de error.

Esta función permite visualizar el control de los mensajes de error. Enviarlos a un identificador "estadoCalc", que corresponde a una etiqueta HTML, dónde se visualizar el mensaje dentro de una caja de errores o mensajes.

```
function controlMsgError(msg){
        document.getElementById("estadoCalc").innerHTML=msg;
        //document.getElementById("estadoCalc").innerHTML="Estado actual";
        //Script o librería en el pie
}
```

```
┌─Estado──────────────────────────────────────────────────────────────────────────┐
│                                                                                    │
└────────────────────────────────────────────────────────────────────────────────┘
```

PASO 2: Definir una matriz con los mensajes de error.

Se inicializa una variable global que es un array, que contiene todos los mensajes de errores.

```
function listaMsgError(){
        errores[0]="Tecla Enter no permitida en este momento";
        errores[1]="Ya has puesto un punto";
        errores[2]="Tecla no válida";
}
```

PASO 3: Inicializar el sistema de numeración por defecto

Se inicializa el sistema de numeración, al sistema Decimal, estableciendo el valor por 10 a la variable global, para poder saber en qué sistema de numeración se está trabajando.

```
function inicializaSistNum(){
        baseInicial=10;
}
```

PASO 4: Lista completa de mensajes de errores

Función que define en una matriz los errores, como un array de errores. Se carga inicialmente y posterior-mente se hace referencia al a índice del array según el error.

```
function listaCodigosErrores(){
        errores[0]="Tecla Enter no permitida en este momento";
        errores[1]="La expresión ya contiene un punto decimal";
        errores[2]="Tecla pulsada no válida";
        errores[3]="La tecla pulsada es: ";
        errores[4]="La tecla pulsada diferente a las permitidas ";
        errores[5]="Se inicializo la calculadora";
        errores[6]="Error: 6";
        errores[7]="Error: 7";
        errores[8]="Error: 8";
        errores[9]="Error: 9";
        errores[10]="Digito pulsado 0";
        errores[11]="Digito pulsado 1";
        errores[12]="Digito pulsado 2";
        errores[13]="Digito pulsado 3";
        errores[14]="Digito pulsado 4";
        errores[15]="Digito pulsado 5";
        errores[16]="Digito pulsado 6";
        errores[17]="Digito pulsado 7";
        errores[18]="Digito pulsado 8";
        errores[19]="Digito pulsado 9";
        errores[20]="Digito pulsado A";
        errores[21]="Digito pulsado B";
        errores[22]="Digito pulsado C";
        errores[23]="Digito pulsado D";
        errores[24]="Digito pulsado E";
        errores[25]="Digito pulsado F";
        errores[26]="Error: 26";
        errores[27]="Error: 27";
        errores[28]="Error: 28";
        errores[29]="Error: 29";
        errores[30]="ERROR: Falta el primer OPERADOR";
        errores[31]="ERROR: Falta el segundo OPERADOR";
        errores[32]="ERROR: División por CERO";
        errores[33]="ERROR: No se pasó ningún código de operación";
        errores[34]="Error: 34";
        errores[35]="Error: 35";
        errores[47]="Error: 47";
        errores[48]="Error: Ya no hay más dígitos que se puedan borrar";
```

```
                      errores[49]="Se ha pulsado la tecla: BlackSpace se ha borrado el último dígito";
              }
```

PASO 5: Estructura de control de mensajes de errores y su gestión, independientemente del navegador.

Se presenta la alternancia de ejecución del código si da error que debe de hacer sino debe de ejecutar las siguientes sentencias try /cath.

```
<HTML>
   <HEAD>
     <TITLE>Sin script ('noscript')</TITLE>
   </HEAD>
   <BODY>
     <SCRIPT LANGUAGE="JavaScript">
       window.onerror = function ()
       {
            // Envía al usuario a una página describiendo las limitaciones del navegador y
            //  le indica que tiene que desactivar JavaScript para poder ver su sitio.
       }

            // Netscape Navigator 4 generará un error en cualquier  JavaScript que intente
            // usar procesamiento de excepciones con bloques try ... catch.
       try
       {
            // Código para implementar un menú bonito
       }
       catch (errores)
       {
            // Manejo de excepciones
       }
     </SCRIPT>
     <NOSCRIPT>
            <!--   Si JavaScript no está activado, entonces el navegador mostrará los
            contenidos de la etiqueta NOSCRIPT que, en este caso, es un simple menú
            implementado como una lista no ordenada.  -->
     <UL>
       <LI><A HREF="choice1.html">Elección 1</A></LI>
        <LI><A HREF="choice2.html">Elección 2</A></LI>
     </UL>
     </NOSCRIPT>
   </BODY>
</HTML>
```

PASO 6: Usar SCRIPT LANGUAGE para elegir el navegador en el que se ejecuta

La elección del lenguaje de scripting viene determinada por el atributo LANGUAGE de la etiqueta script. Internet Explorer 4 y superiores pueden admitir una variedad de lenguajes de script. Los más comunes son *VBSCRIPT* y *JavaScript*. Internet Explorer también usa *JSCRIPT* como un sinónimo de JavaScript. Puesto que otros navegadores no admiten los valores *VBSCRIPT* o *JSCRIPT* como atributo de lenguaje, puede usar éstos cuando desee que ciertos scripts se ejecuten únicamente por Internet Explorer 4 y superior.

```
<HTML>
   <HEAD>
     <TITLE>Lenguajes Script</TITLE>
   </HEAD>
   <BODY>
     <SCRIPT LANGUAGE="JavaScript">
       // Código JavaScript para implementar un menú vistoso
       // Visible a todos los navegadores que admitan JavaScript
     </SCRIPT>
     <SCRIPT LANGUAGE="JScript">
       // Código JavaScript que usa características propietarias de
       // Internet Explorer no disponibles en otros navegadores
     </SCRIPT>
     <SCRIPT LANGUAGE="VBScript">
       // Código VBScript que usa características propietarias de
       // Internet Explorer no disponibles en otros navegadores
     </SCRIPT>
   </BODY>
</HTML>
```

UNIDAD DE TRABAJO 5: Sistema Gestor de BASE DE DATOS

PRÁCTICA 13: Manejar SQLWeb en la calculadora.
PRÁCTICA 14: Manejar IndexedDB en la calculadora.

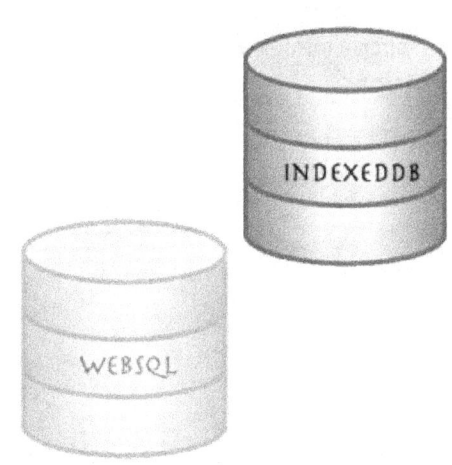

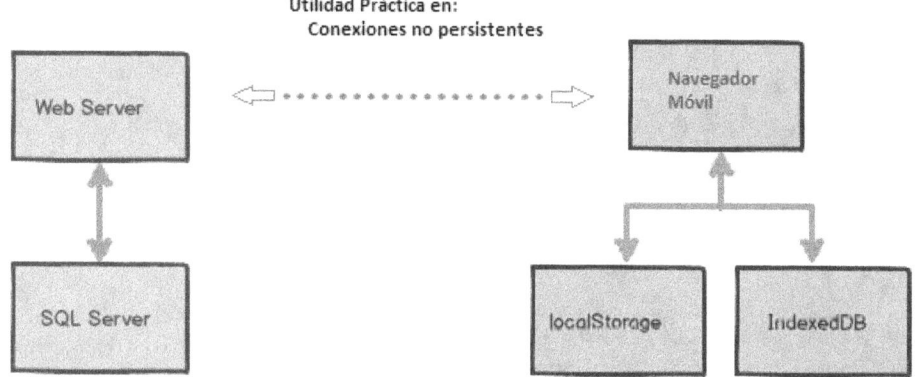

Contenidos:
- webSQL: Apertura, definiciones de sentencias SQL en transacciones y su ejecución.
- IndexedDB: Abrir SGBDD indexedDB, Manipuladores, Cursores.

Sentencias:
openDatabase
.transaction()
.executeSql()
.getElementsById()
.getElementsTagName()
.removeChild()
.createElement()
indexedDB.open()
.transaction()
.objectStore()
.onepgradeneeded
.onsuccess
.onerror
.querySelector()
.add()
.put()
<datalist>

PRÁCTICA 13: Manejar webSQL

DESCRIPCIÓN:

Se utilizan dos variables definidas como globales, para identificar los diferentes navegadores que permiten utilizar WebSQL e IndexedDB o ambos.

eswebSQL	esIndexedDB	DESCRIPCION
false	false	No es soportado por el navegador.
false	true	Solo soporta IndexedDB y no soporta WebSQL.
true	false	Solo soporta WebSQL.
true	true	Soporta los dos webSQL e IndexedDB.

var esIndexedDB=false , esSQLWEB=true;

var dbSQL="";

El valor actual de SQLWeb

Observamos en la parte derecha que la ***Web SQL*** está vacía.

PASO 1: Definir la función que identifica el tipo de navegador

Se realiza una llamada para saber el tipo de navegador nos devuelve un número, que identifica el motor JavaScript. Según el resultado que nos dé se analiza y se establece un estado lógico para las dos variables que controlan si el navegador admite IndexedDB o SQLWeb.

```
function tipoBD(){
        let numMotorJS=idNavegador()      ;
        switch(numMotorJS){
            case 0:
                esIndexedDB=true;
                break;
            case 1:
                esIndexedDB=true;
                esSQLWEB=false;
                break;
            case 2:
                esIndexedDB=true;
                break;
            case 3:
                esIndexedDB=true;
                break;
            case 4:
                esIndexedDB=false;
                break;
            case 5:
                esIndexedDB=true;
                break;
            case 6:
                esIndexedDB=true;
                break;
            case 7:
```

```
                    esIndexedDB=false;
                    break;
            case 8:
                    esIndexedDB=true;
                    break;
            default:
                    return controlMsgError(errores[3]);
        }
    }
```

PASO 2: Identificar el tipo de SGBD que va a utilizar

Se plantea una función para poder controlar según el navegador el tipo de manejo de BBDD, o bien, utilizar IndexedDB o SQLWeb.

En eta función solo se plantean las combinaciones lógicas que se puede dar para utiliza las BBDD en el navegador. Se prevén tres posibles estados:

a)   Navegadores que admiten los dos: indexedDB y SQLWeb.

b)   Navegadores que solo admiten: IndexedDB.

c)   Navegadores que solo admiten: SQLWeb.

```
function usoDB(){
    //    Caso esIdexedDB-true webSQL-true

    if(esIndexedDB &&  esSQLWEB){
            abrirSQLWEB();
            usarIndexedDB();
    //Caso esIdexedDB-true webSQL-false
    }else if(esIndexedDB){
            usarIndexedDB();
    //Caso esIdexedDB-false webSQL-true
    }else if(esSQLWEB){
            abrirSQLWEB();
    }else{
            return controlMsgError(errores[4]);
    }
}
```

Esta función solo controla la apertura de la BBDD de SQLWeB.

```
function usarSQLWEB(){
        abrirSQLWEB();
        //insertarSQLWEB();
}
```

PASO 3: Definir la función abrirSQLWEB()

Al cargar la página HTML se realiza la definición y apertura de la BBDD.

Esta función es solo invocada sin pasarle, ningún parámetro.

Se define una variable tam, que es igual a la dimensión del tamaño e SQLWeb, 4 Mbytes = 4 x 1024 Kbytes x 1024 bytes.

tam = 4*1024*1024;

a) Definir la creación y apertura de la BBDD SQLWeb.

La dbSQL, esta variable contiene el resultado lógico

verdadero (TRUE)   Si se ha abierto correctamente la Base de Datos

falso (FALSE) si   Si ocurrió un error en la apertura

b) Definir la apertura de la Base de Datos.

```
dbSQL=openDatabase("DB Calculadora","0.1","Almacenar operaciones realizadas en la
calculadora",tam);
```

Valor	Descripción
"DB Calculadora"	Nombre de la BBDD
"0.1"	Versión que se utiliza
"Almacenar operaciones realizadas en la calculadora"	Descripción explicativa
Tam	Tamaño definido de la BBDD en bytes

tam =4*1024*1024;

El valor de multiplicar es 4 Mbytes * 1024 Kbytes * 1024 bytes.

La variable dbSQL nos devuelve un valor lógico (True, False), según si es correcta la apertura y dimensión de la variable.

```
dbSQL=openDatabase("DB  Calculadora","0.1","Almacenar  operaciones  realizadas  en  la
calculadora",tam);
```

Si la apertura es correcta el siguiente paso es realizar una transacción. La transacción se define como una función anónima que se pasa un parámetro de transacción tx, se define dentro de la función la llamada a esa transacción tx la ejecución de un método que permite ejecutar sentencias SQL.

tx.executeSql("sentencia SQL");

La sentencia a ejecutar en SQL es:

```
CREATE TABLE IF NOT EXISTS Calculadora (
        idOp            INTEGER PRIMARY KEY AUTOINCREMENT,
```

```
operador1    TEXT,
operandoDB   TEXT,
operador2    TEXT)
```

Si la tabla no se encuentra creada se crea con el nombre Calculadora. Se definen 4 campos:

idOp Tipo de dato INTEGER como clave Primaria (PRIMARY KEY), que se autoincrementa.

Se definen 3 campo operador1, operandoDB, operador2 son campos tipos TEXT.

```
function abrirSQLWEB(){
        tam=4*1024*1024;
        dbSQL=openDatabase("DB Calculadora","0.1","Almacenar operaciones realizadas en
        la calculadora",tam);
        if(dbSQL){
                //transaccion SQL
                dbSQL.transaction(function (tx){
                tx.executeSql("Create table if not exists Calculadora(idOp integer
                primary key autoincrement,operador1 text,operandoDB text,operador2
                text)");
                });
        }
}
```

La versión nos ayuda a gestionar los cambios de esquema que podamos tener entre versiones de aplicación. Si intentamos abrir una base de datos usando una versión incorrecta, se generará un error y deberemos usar la función *changeVersion* para actualizar la versión y aplicar las migraciones necesarias.

Una vez que tenemos un objeto *Database,* podemos lanzar **ejecutar transacciones** sobre la base de datos usando el método *db.transaction(...):*

El método **transaction** recibe hasta tres *callbacks*, una con lo que queremos ejecutar dentro de la transacción, otra que se invocará en caso de error y otra que se invocará si todo ha ido bien.

PASO 4: Definir la función insertarSQLWEB()

La función insertarSQLWEB(), realiza una invocación a una transacción por medio de una función anónima, utilizando como parámetro tx, dentro de la función se realiza una llamada a un método tx.executeSql("Sentencia SQL").

La sentencia SQL que se ejecuta sobre la tabla Calculadora, la operación a realizar es una INSERCCIÓN EN LA TABLA, de tres campos operador1, operandoDB, operador2. Qué reciben los valores por medio de VALUES(?,?,?), estos valores provienen del segundo parámetro que recibe el método executeSql("sentencia_SQL",[valores]). Los valores que se pasan a la tabla provienen de [op1, operando, op2] que pasan a primer parámetro del método a los interrogantes ? y de cada interrogante pasan directamente al campo de la tabla a insertarse.

```
function insertarSQLWEB(){
        dbSQL.transaction(function (tx){
                tx.executeSql("INSERT INTO Calculadora(operador1,operandoDB,operador2)
                VALUES(?,?,?)", [op1,operando,op2]);
        });
}
```

rowid	operador1	operandoDB	operador2
1	5	+	4
2	45.0	3.0	2.0
3	456.0	1.0	9.0
4	7.0	2.0	2.0
5	4.0	1.0	9.0
6	0.0	0.0	4.0
7	45.0	1.0	56.0

Se pueden visualizar las operaciones que se encuentran actualmente almacenadas debajo de la calculadora.

Operaciones Almacenadas

- **Operador 1:** 5 **Operando:** + **Operador 2:** 4 [Borrar Operacion]
- **Operador 1:** 45.0 **Operando:** 3.0 **Operador 2:** 2.0 [Borrar Operacion]
- **Operador 1:** 456.0 **Operando:** 1.0 **Operador 2:** 9.0 [Borrar Operacion]
- **Operador 1:** 7.0 **Operando:** 2.0 **Operador 2:** 2.0 [Borrar Operacion]
- **Operador 1:** 4.0 **Operando:** 1.0 **Operador 2:** 9.0 [Borrar Operacion]
- **Operador 1:** 0.0 **Operando:** 0.0 **Operador 2:** 4.0 [Borrar Operacion]
- **Operador 1:** 45.0 **Operando:** 1.0 **Operador 2:** 56.0 [Borrar Operacion]

PASO 5: Definir la función borrarQLWEB()

Esta función realiza el borrado de un registro, utilizando un acceso al índice de ordenación de la tabla que es idOp que recibe el valor de la condición de búsqueda como resultado del paso por valor del valor del campo a borrar, que se recoge en la variable **campoDelete**.

El borrado se realiza por medio de la ejecución de una transacción sobre la tabla abierta, dbSQL.transaction() que invoca a una función anónima y esta realiza la ejecución de la transacción, ejecutando la sentencia SQLWEB.

```
DELETE FORM Calculadora WHERE idOp=(?)
```

El interrogante (?), recibe el valor del segundo parámetro del método, [campoDelete].

Una vez realizado el borrado se realiza una llamada a la función buscarSQLWEB()

```
function borrarSQLWEB(campoDelete){
        dbSQL.transaction(function (tx){
                tx.executeSql("Delete from Calculadora where idOp=(?) ",[campoDelete]);
                buscarSQLWEB();
        });
}
```

PASO 6: Definir la función abrirSQLWEB()

Esta función realiza un borrado completo de toda la tabla SQLWEB,

```
DROP TABLE   Calculadora
```

Se invoca por medio de la transacción a la BBDD abierta dbSQL.transaction(function (tx) {...});

```
function borrarTableSQLWEB(){
        dbSQL.transaction(function (tx){
                tx.executeSql("Drop table Calculadora");
        });
}
```

Se demuestra en el paso 9 que el borrado que se puede realizar correctamente el borrado:

a) Una sentencia que borra todos los datos de una tabla:

```
DELETE FROM Calculadora WHERE 1
```

Esto elimina todos los datos de la tabla, simplemente borrando todos los registros.

b) Otra posibilidad es:

```
TRUNCATE   Calculadora
```

Esto vacía la tabla y el efecto es parecido a hacer un delete de todos los registros. La diferencia entre el delete y el truncate es que con truncate se inicializa todo lo que había en la tabla.

PASO 7: Definir la función buscarSQLWEB()

La lectura de datos se realiza invocando el método ***executeSql*** con una *callback* que recibe, además de la transacción en curso, un SQLResultSet que nos permite acceder a la información leída:

```
tx.executeSql('select id, name, age from People where age > ?', [100], function(tx,
rs) {
    for (var i = 0; i < rs.rows.length; i++) {
        var p = rw.rows.item(i);
        console.log(p.id + ' ' + p.name + ' ' + p.age);
    }
}, errorCB);
```

El ***SQLResultSet*** tiene **la propiedad rows que contiene los registros cargados**. Ojo, que aunque parece un array no lo es y para poder acceder al registro i-ésimo hace falta utilizar la función rows.item(i) en lugar del indexador. Se puede utilizar una función *callback* para que nos notifiquen de posibles errores.

a) Seleccionamos todos los campos de la tabla Calculadora, desde el principio al fin [], se pasa la función callback y el segundo parámetro (tx,**result**) de la función anónima. Se define dos variables una matriz salida inicializada y vacía. La variable i se define dentro del bucle que va a recorrer todos los resultados obtenidos, se analiza la longitud `result.rows.length` la longitud del número de filas.

El resultado va al array salida y agrega todos los ítem (columnas) y a los elementos de la fila, por el nombre de cada campo.

Una vez recorrida toda la tabla se cierra el bucle y se llama a la función visualizarSQL(salida), se envía la matriz. Y se visualiza el contenido de la matriz.

```
function buscarSQLWEB(){
        dbSQL.transaction(function (tx){
        tx.executeSql("SELECT * FROM Calculadora",[],
                function (tx,result){
                        var salida = [];
                        for (var i =0 ; i<result.rows.length; i++) {
                                salida.push([result.rows.item(i)['idOp'],
                                        result.rows.item(i)['operador1'],
                                result.rows.item(i)['operandoDB'],
                                result.rows.item(i)['operador2']]);
                        }
                visualizarSQLWEB(salida);
```

```
                                        });
                        });
                }
```

PASO 8: Definir la función visualizarSQLWEB()

Se crea una lista no ordenada, visualizará los resultados con se ve a continuación.

Operaciones Almacenadas

- **Operador 1:** 5 **Operando:** + **Operador 2:** 4 Borrar Operacion
- **Operador 1:** 45.0 **Operando:** 3.0 **Operador 2:** 2.0 Borrar Operacion
- **Operador 1:** 456.0 **Operando:** 1.0 **Operador 2:** 9.0 Borrar Operacion
- **Operador 1:** 7.0 **Operando:** 2.0 **Operador 2:** 2.0 Borrar Operacion
- **Operador 1:** 4.0 **Operando:** 1.0 **Operador 2:** 9.0 Borrar Operacion
- **Operador 1:** 0.0 **Operando:** 0.0 **Operador 2:** 4.0 Borrar Operacion
- **Operador 1:** 45.0 **Operando:** 1.0 **Operador 2:** 56.0 Borrar Operacion

La función visualizarSQLWEB(opAlmacenada) recibe un parámetro opAlmacenada.

Se define la variable miEtiqueta que hace una invocación al identificador 'verOperaciones'.

Se comprueba si la miEtiqueta contiene elementos de la lista no ordenada, si el número de elementos es mayor que cero. Si contiene la etiqueta 'ul', se borrar elemento de la etiqueta con el nombre 'ul' en la posición 0. Se vuelve a definir una variable nueva que contiene la creación de un nuevo elemento 'ul'.

Se recorre con un bucle la matriz que se ha pasado por valor a la función, opAlmacenada. El bucle comienza en el elemento 0 hasta el último elemento depositado en el array. En el bucle se crean los elementos de la lista no ordenada con la etiqueta <li>. A cada elemento de la lista agregamos por concatenación (.innerHTML), las etiquetas, texto y los elementos variables del array opAlmaceanada(es una array bidimensional y extraemos los valores depositados anteriormente). Además se le agrega un botón, que en si se hace click se invoca a la función borraSQLWEB, y se le pasa por array el elemento a borrar.

Al terminar de recorrer los elementos se agrega la variable eleLista a la etiqueta 'ul' y se definida en la variable lista y posteriormente se añade a miEtiqueta.

```javascript
function visualizarSQLWEB(opAlmacenada){
        var miEtiqueta=document.getElementById('verOperaciones');

        if (miEtiqueta.getElementsByTagName('ul').length>0){
            miEtiqueta.removeChild(miEtiqueta.getElementsByTagName('ul')[0])
        }
        var lista= document.createElement('ul');
            for (var i =0; i< opAlmacenada.length ; i++) {
                    var eleLista= document.createElement('li');
                    eleLista.innerHTML+=" <b>Operador 1: </b> "+opAlmacenada[i][1]+
                        " <b>Operando: </b> "+opAlmacenada[i][2]+
                        " <b>Operador 2: </b> "+opAlmacenada[i][3]+
                        " <button onclick='borrarSQLWEB("+opAlmacenada[i][0]+")'>Borrar
Operacion</button> ";
                    lista.appendChild(eleLista);
            }
            miEtiqueta.appendChild(lista);
}
```

PASO 9: Borrar el contenido de la tabla Calculadora

Se crea el botón ClearSQL: para borrar el contenido de la tabla Calculadora.

a) Estado inicial con error.

```html
<input type="button" name="borraMC" class="boton" value="Clear SQL" onclick="borrarTableSQLWEB()"/>
```

```
function borrarTableSQLWEB(){
        dbSQL.transaction(function (tx){
        // tx.executeSql("Drop database BDCalculadora");
        tx.executeSql("DROP   TABLE Calculadora");
});
```

b) Modificación el botón de Borrado. Se agrega un boton nuevo Borrar WebSQL, se utiliza para comprobar y compara su funcionamiento.

```
<input type="button" class="boton1" onclick="borrarTableSQLWEB();visualizarSQLWEB();
usoDBxBrowser()"  value="Borrar WebSQL" />
```

c) La solución de borrado de WebSQL. Esto elimina todos los datos de la tabla, simplemente borrando todos los registros.

```
function borrarTableSQLWEB(){
        dbSQL.transaction(function (tx){
                tx.executeSql("DELETE  from Calculadora  where  1");
        });
}
```

Operaciones Almacenadas

- **Operador 1:** 4.0 **Operando:** 3.0 **Operador 2:** 6.0 [Borrar Operacion]
- **Operador 1:** 249.0 **Operando:** 3.0 **Operador 2:** 6.0 [Borrar Operacion]

Datos almacenados

idOp	idOp	operador1	▲ operandoDB	operador2
22	22	4.0	3.0	6.0
23	23	249.0	3.0	6.0

Borrar WebSQL

Se actualiza la consola de visualización de la tabla y aparece

The "Calculadora" table is empty.

PASO 10 : Detección de errores

Error que no afecta al funcionamiento:

Se observa en la realización del bucle que en el momento que se ha realizado el borrado de todo el contenido de WebSQL, el valor de la variable opAlmacenada.length da el siguiente error.

Uncaught TypeError: Cannot read property 'length' of undefined

El tipo de dato es erróneo ya que typeof(opAlmacenada no está definido'

```
function visualizarSQLWEB(opAlmacenada){
        /* if (opAlmacenada.length == "undefined"){      el resultado es incorrecto
        if (!opAlmacenada){  //  longitud sin definir
        // if (typeof(objAlmacenada) =="undefined"){
                console.log("la longitud esta  sin definir");
                return console.log("Longitud de la cadena sin definir");
        }
        */
        var miEtiqueta=document.getElementById('verOperaciones');
        if(miEtiqueta.getElementsByTagName('ul').length>0){
                miEtiqueta.removeChild(miEtiqueta.getElementsByTagName('ul')[0])
        }
        var lista= document.createElement('ul');
        for (var i =0; i< opAlmacenada.length ; i++) {
                var eleLista= document.createElement('li');
                eleLista.innerHTML+=" <b>Operador 1: </b> "+opAlmacenada[i][1]+
                " <b>Operando: </b> "+opAlmacenada[i][2]+
                " <b>Operador 2: </b> "+opAlmacenada[i][3]+
                " <button onclick='borrarSQLWEB("+opAlmacenada[i][0]+")'>Borrar
Operacion</button> ";
                lista.appendChild(eleLista);
        }
        miEtiqueta.appendChild(lista);
}
```

PRÁCTICA 14: Crear una Base de Datos básica en IndexedDB

DESCRIPCIÓN:

¿Qué es indexedDB?

IndexedDB es una base de datos que nos permite almacenar información localmente en un navegador y que está soportada por todos los navegadores modernos (incluso Internet Explorer).

No es una base de datos relacional clásica como era WebSQL (ahora descontinuada), sino que se trata de **una base de datos clave/valor**.

El punto de entrada al API de IndexedDB es el objeto **window.indexedDB,** que nos permite crear, eliminar y *actualizar* bases de datos.

Es algo que me ha llamado la atención, porque en el propio API han tenido en cuenta el versionado de bases de datos, algo fundamental cuando llegamos al mundo real.

Todo el API es asíncrono lo que, en el caso de javascript se traduce en callbacks y eventos por todas partes. Cada operación que hacemos nos devuelve un objeto Request al que podemos enganchar manejadores de eventos tipo onsuccess, onerror, etc.

ObjectStores e índices

La base de datos se estructura alrededor del concepto de **objectStores**, que podríamos ver como algo similar a tablas en SQL Server o colecciones en MongoDB. Lo que guardamos en cada **objectStore no necesita tener ningún esquema definido a priori** y podemos ir almacenando más o menos lo que nos dé la gana.

Los **objectStores** deben crearse en el evento **onupgradeneeded** que se lanza al abrir la base de datos. Esto ayuda bastante a mantener una política de versionando y migraciones de base de datos consistente. Puesto que debo crearlo en ese evento, necesito incrementar la versión de la base de datos para que se lance el evento, lo que permite tener cierta trazabilidad entre versiones de la base de datos.

Cada objeto que almacenamos en un **objectStore** tiene **una propiedad que hace de clave y nos permite recuperar el objeto** para trabajar con él, modificarlo, o eliminarlo. La clave se define en el momento de crear el **objectStore** y puede tener distintos tipos de datos (**number, string, date o array**). Las claves pueden ser generadas automáticamente por IndexedDB (típica clave autoincremental), ser leídas de una propiedad del objeto que estamos usando como valor, o ser indicadas explícitamente en cada operación de lectura/escritura.

Como buscar objetos a partir de su clave está bien pero es bastante limitado, en IndexedDB podemos definir **índices que nos permite buscar objetos por otros campos**. Existen varias opciones a la hora de crear un índice, como si es único o no, o la forma de tratar valores duplicados, pero no nos vamos a detener mucho en ellas por ahora.

COMPARATIVA SQL vs IndexedDB

Concepto	BD Relacional	IndexedDB
Base de datos	Base de datos	Base de datos
Tablas	Las tablas contienen filas y columnas	objectStore contiene objetos Javascript y claves
Mecanismos de consulta, Join y filtros	SQL	APIs de cursor, APIs de rango de clave y código de aplicación
Tipos de transacciones y bloqueos	El bloqueo se puede producir a nivel de base de datos, tablas o filas en transacciones READ_WRITE	El bloqueo se puede producir en la base de datos con una transacción VERSION_CHANGE, o a nivel de objectStores con transacciones READ_ONLY y READ_WRITE. No hay bloqueo a nivel de objeto
Ejecución de transacciones ("commit")	La creación de una transacción es explícita. Por defecto no se ejecuta salvo que se realice un commit	La creación de una transacción es explícita. Por defecto se ejecuta salvo que se haga una llamada a "abort" o se produzca una excepción no tratada.
Examen de propiedades	SQL	Se necesitan índices para consultar directamente las propiedades de los objetos
Registros/Datos	Forma normal y un valor único en cada propiedad	Forma no normalizada y pueden tener propiedades multivariadas.

TRANSACCIONES sobre BBDD

Tenemos tres tipos de transacciones:

- **VERSION_CHANGE:** se utiliza para crear o actualizar el almacén de objetos y los índices. Puesto que las transacciones VERSION_CHANGE bloquean toda la base de datos y evitan la ejecución simultánea de varias operaciones, no se recomiendan para leer y escribir registros en la base de datos.
- **READ_WRITE:** permite añadir, leer, modificar y borrar registros contenidos en el almacén de objetos.
- **READ_ONLY:** Permite la lectura de objetos del almacén.

El modelo de API asíncrona que nos proporciona IndexedDB aprovecha el modelo **request/response** soportado por muchas APIs Web, como es el caso de HXR. Las peticiones se envían al proceso local IndexedDB y los resultados se manipulan por medio de manejadores de eventos **onsuccess** y **onerror** en el lado del cliente. Aparte, no hay un mecanismo explícito para confirmar la transacción ("commit"). Las transacciones se confirman cuando no hay más peticiones pendientes en el servidor y no hay resultados pendientes en el cliente.

PASO 1: Definir la página HTML de entrada de los datos de operación

Se define la los tres campos de entrada de datos.

```html
<html>
    <head>
      <meta charset="UTF-8">
      <title>IndexedDB: Almacenamiento local con
HTML5 usando IndexedDB</title>
      <script type="text/javascript"
src="Calcula.js"> </script>
    </head>
<body onload="startDB();">
    <form name="miPriCalculos">
        <input type="Number" id="operador1" placeholder="Primer Operando" pattern="[0-
9]*" required="required"/>
        <br/>
        <input  list="listaOperacion" />
        <br/>
        <input type="Number" id="operador2" placeholder="Segundo Operando"
required="required"/>
        <br/>
        <button type="button" onclick="add();">Guardar</button>
    </form>
    <!-- lista de valore apara poder elegir con el input list -->
    <datalist id="listaOperacion">
        <option value="+">
        <option value="-">
        <option value="*">
        <option value="/">
        <option value="%">
    </datalist>
</body>
</html>
```

PASO 2: Definición de las variables globales en JS

Se definen 3 variables globales:

- **numero:** se define a 1, se utiliza para asignar un valor aleatorio (como índice ¿?).
- **dataBase:** se inicializa a null, se asigna la apertura de la base de datos.
- **indexedDB** : Tomo el valor según el navegador. (moz, webkit) || indica que valor tomará, el que será cierto.

> *Nota:* **El objeto indexedDB se prefija en las versiones antiguas de los navegadores (propiedad mozIndexedDB para Gecko < 16, webkitIndexedDB en Chrome, y msIndexedDB en IE 10).**

```js
var  numero=1;
var dataBase = null;

var indexedDB = window.indexedDB || window.mozIndexedDB || window.webkitIndexedDB ||
window.msIndexedDB;
```

PASO 3: Inicialización de la Base de Datos

La función startDB() realiza la apertura o creación de la base de datos, con el nombre "MiCalcu" y seguido del número de la versión.

Se crea dataBase que contiene la referencia de apertura del objeto de apertura a la BBDD con el nombre "MiCalcu", versión. La versión es un número entero, indicativo de la BBDD creada.

La definición del nombre de la BBDD también se puede definir (['MiCalcu'],2).

dataBase = indexedDB.open("MiCalcu", 2);

Después de la apertura se realiza la ejecución de Manipuladores. Utilizamos tres manipuladores ('eventos'), para el control de aperturas o ejecución.

dataBase.onupgradeneeded Creación o actualización de la versión de la base de datos. Cuando se crea una nueva base de datos o aumentar el número de versión de una base de datos existente.

dataBase.onsuccess Este manipulador es cierto si se ha producida una ejecución correcta, en la apertura de la Base de Datos.

dataBase.onerror Manipulador se ejecuta si se produce un error en la apertura de la BBDD.

CASO 1) **dataBase.onupgradeneeded** se define igual a una función anónima, que recoge un evento (e), (event).

active = dataBase.result;

Recoge el resultado de la apertura de la BBDD.

Se asigna a la variable object, la reacción de un objeto, es un contenedor que se le da el nombre **calculaddd**, se crear un índice con la variable interna id, con autoincremento. A medida que se agreguen objetos al contenedor se irá incrementando id

object = active.createObjectStore("calculaddd", { keyPath : 'id', autoIncrement : true });

Sobre el contenedor creado se hace referencia a un elemento nuevo que se creará como índice, de acceso a los objetos del 'by_num', con la variable de incremento o de índice 'id' (puede ser cualquiera que hallamos definido, se considera que el valor no se puede repetir, es única (unique:true).

```
object.createIndex('by_num', 'id',{ unique : true });

function startDB() {
    dataBase = indexedDB.open("MiCalcu", 2);
    dataBase.onupgradeneeded = function (e) {
        active = dataBase.result;
        object = active.createObjectStore("calculaddd", { keyPath : 'id', autoIncrement
        : true });
        object.createIndex('by_num', 'id', { unique : true });
    };
    dataBase.onsuccess = function (e) {
        alert('Base de datos cargada correctamente');
    };
    dataBase.onerror = function (e)  {
        alert('Error cargando la base de datos');
    };
}
```

PASO 4: Agregar Objetos a la Base de Datos.

La función add() permite añadir elementos (Objetos). Al contenedor ["calculaddd"] de la Base de Datos "MiCalcu".

CASO 1) Recoger los datos de la BBDD.

```
var active = dataBase.result;
```

Se abre una transacción para poder asignar los elementos al contenedor. Con la variable data que recoge el resultado de la transacción de apretura del contenedor "calculadd". El modo de apertura del contenedor se realiza en modo lectura/escritura "readwrite".

CASO 2) Crear una transacción, como lectura/escritura de objetos.

```
var data = active.transaction(["calculaddd"], "readwrite");
```

Se abre el objeto del contenedor data.objectStore("calculaddd"), se asigna a la variable **object**.

```
var object = data.objectStore("calculaddd");
```

CASO 3) Crear un valor aleatorio y asignarlo a una variable.

Se crear un valor aleatorio entre 1 y 100000 y lo convertimos como número, como valor índice aleatorio (No tiene ningún valore de acceso solo como ejemplo de uso de elementos).

```
var numero=Math.floor((Math.random() * 100000) + 1); ;
```

CASO 4) Operar con selectores de los identificadores del document. Se crear una variable como recogida de valores del documento con el nombre "#operador1". Se opera con otro valor a modo de prueba.

```
valor = document.querySelector("#operador1").value +
document.querySelector("#operador2").value;
```

CASO 5) Agregar elementos al objeto **object**.

```
var request = object.add({ elemento: valor, … });
```

Solo es necesario escribir el nombre del elemento del objeto seguido de dos puntos y el valor a asignar (lo normal es con una variable o con un elemento de un DOM document.querySelector(...).value). Los elementos se separan por coma.

```
numero: numero,
operador1: document.querySelector("#operador1").value,
```

CASO 6) Recogida del evento erróneo producido en la transacción.

```
request.onerror = function (e) {
    alert(request.error.name + '\n\n' +
    request.error.message);
```

CASO 7) Recogida del evento de la transacción del objeto agregado correctamente al contenedor.

```
data.oncomplete = function (e) {
    document.querySelector("#operador1").value = 'Primer Operando';
    document.querySelector("#operando").value = 'Operacion';
    document.querySelector("#operador2").value = 'Segundo Operando';
    alert('Objeto agregado correctamente');
};
```

Si ha sido correcta la transacción, se accede al DOM del document y se invoca al método y a un identificador de las entradas del formulario (INPUT). Se inicializa los identificadores a un valor, que se va a visualizar como valor de entrada por defecto.

Se muestra un mensaje de su agregación correcta e inicialización de mensajes de entrada en los INPUT.

Ejemplo:

```javascript
function add() {
        var active = dataBase.result;
        var data = active.transaction(["calculaddd"], "readwrite");
        var object = data.objectStore("calculaddd");
        var numero=Math.floor((Math.random() * 100000) + 1); ;
// comprobación de operaciones con id de un campo del documento, tomando su valor

        valor = document.querySelector("#operador1").value +
        document.querySelector("#operador2").value;
        var request = object.add({
            numero: numero,
            operador1: document.querySelector("#operador1").value,
            operando: document.querySelector("#operando").value,
            operador2: document.querySelector("#operador2").value,
            resultado: valor
        });
        request.onerror = function (e) {
            alert(request.error.name + '\n\n' + request.error.message);
        };
        data.oncomplete = function (e) {
            document.querySelector("#operador1").value = 'Primer Operando';
            document.querySelector("#operando").value = 'Operacion';
            document.querySelector("#operador2").value = 'Segundo Operando';
            alert('Objeto agregado correctamente');
        };

}
```

RESULTADO:

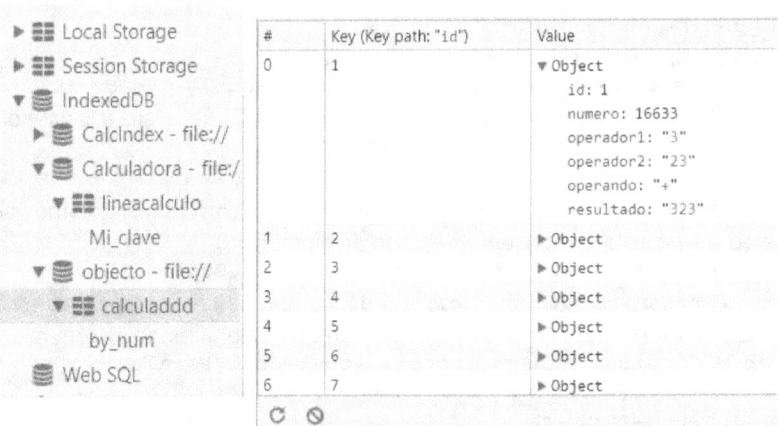

PASO 5: Definir el interfaz de visualización

a) Se agrega al fichero HTML las siguientes líneas:
```html
<p><h3>Operaciones INDEXEDDB </h3></p>
```
Línea de cabecera que lista en formato de tabla los datos a visualizar <p>.

En la etiqueta div se agregar un identificador id="mostrarDatosIDB", que se utilizará para poder visualizar la tabla con el contenido de las operaciones realizada
```html
<div id="mostrarDatosIDB"></div>
```

b) La operación con el campo de resultado es (El resultado de la operación se ha cambiado para realizar una conversión con parseInt() + String()+parseInt().
```javascript
valor = parseInt(document.querySelector("#operador1").value) +
String(document.querySelector("#operando").value)+parseInt(document.querySelecto
r("#operador2").value);
```
El almacenamiento se aparecía en el siguiente paso 6).

PASO 6: Definir los cursores para recorrer el contenedor y extraer los objetos.

Se define un elemento según la etiqueta cuya identificación es "mostrarDatosIDB", se inicia a un valor en de cadena vacia con la propiedad innerHTML.
```javascript
mostrar=document.getElementById('mostrarDatosIDB');
mostrar.innerHTML="";
```
Se captura el resultado de la apertura de la base de datos

```
        var active = dataBase.result;
```
Se habre una transacción "calculddd", en modo solo lectura.
```
        var transaction = active.transaction("calculaddd", "readonly");
```
Se hace referencia a los objetos que fomran parte de la transacción.
```
        var objectStore = transaction.objectStore("calculaddd");
```
Se realiza la apertura de un cursor, apartir del objeto anterior
```
        var request = objectStore.openCursor();
```
Si el resultado de la apertura del cursor es correcta se abre el manipulador resquest.onsuccess
```
        request.onsuccess = function(event) {
                var cursor = event.target.result;
```
En la condición if (cursor) es cierta, o sea, se ha leido un objeto. El objeto se pasa a la creacción de un elemento nuevo una tabla con un 'tr' un registro, dónde se concatenan los valores le
```
        var tableRow = document.createElement('tr');
        tableRow.innerHTML= "<td width=85px>"+cursor.value.numero+"</td>"+
```
Se agregan etiquetas agregadas a con la propiedad innerHTML del objeto tableRow, creado como elementos de un registro al que se agregan los campos concatenados.

Se agrega el elemento tableRow al DOM, como un nodo del document.getElementById('mostrarDatosIDB'); con la propiedad .appendChild();
```
        mostrar.appendChild(tableRow);
```
Al finalizar la condición if se realiza , se realiza una llamada al método continue(), para que lea el siguiente elemento del cursor.
```
        cursor.continue();
```

Listado del Código

```
        mostrar=document.getElementById('mostrarDatosIDB');
        mostrar.innerHTML="";
        var active = dataBase.result;

        var transaction = active.transaction("calculaddd", "readonly");
        var objectStore = transaction.objectStore("calculaddd");
        var request = objectStore.openCursor();
        console.log("Entro en Mostrar Valores");
        request.onsuccess = function(event) {
                var cursor = event.target.result;
            //var cursor=dataBase.result;
                // var cursor=e.target.result;
                if(cursor){
                        console.log("es cierto cursor");
                        var tableRow = document.createElement('tr');
                        tableRow.innerHTML= "<td width=85px>"+cursor.value.numero+"</td>"+
                                        "<td width=85px>"+cursor.value.operador1+"</td>"+
                                        "<td width=85px>"+cursor.value.operando+"</td>"+
                                        "<td width=85px>"+cursor.value.operador2+"</td>"+
                                        "<td width=85px>"+cursor.value.resultado+"</td>";
                        mostrar.appendChild(tableRow);
                    cursor.continue();
                }else {
                        console.log("paso sin valor ");
                }
        }
```

PASO 7: Resultado final.

Se observa la pantalla final, con los valores inicializados después de ejectuar los cursores.

```
0
+
0              ⬍
Guardar
```

Operaciones INDEXEDDB

89755	23	/	1	23/1
8211	2323	+	22	2323+22
18712	1000	+	78	1000+78

	Elements	Console	Sources	Network	Performance	Memory	Application

◁ ▷ Start from key

Application	#	Key (Key path: "id")	Value
Manifest	0	1	▼ Object
Service Workers			id: 1
Clear storage			numero: 89755
			operador1: "23"
Storage			operador2: "1"
▶ Local Storage			operando: "/"
▶ Session Storage			resultado: "23/1"
▼ IndexedDB	1	2	▼ Object
▼ objecto - file://			id: 2
▼ calculaddd			numero: 8211
by_num			operador1: "2323"
Web SQL			operador2: "22"
▶ Cookies			operando: "+"
			resultado: "2323+22"
Cache	2	3	▼ Object
Cache Storage			id: 3
Application Cache			numero: 18712
			operador1: "1000"
Frames			operador2: "78"
▶ top			operando: "+"
			resultado: "1000+78"

PRÁCTICA 15: Manejar IndexedDB en la calculadora, a nivel de creación BBDD.

DESCRIPCIÓN:

Se deben aplicar los siguientes pasos para el manejo de Database:

1. Abre una base de datos.
2. Crea un objeto de almacenamiento en la base de datos.
3. Inicia una transacción y hace una petición que hace alguna operación de la base de datos, tal como añadir o recuperar datos.
4. Espere a que se complete la operación por la escucha de la clase correcta de eventos DOM.
5. Realizar operaciones (El cual puede ser encontrado en el objeto de la petición).

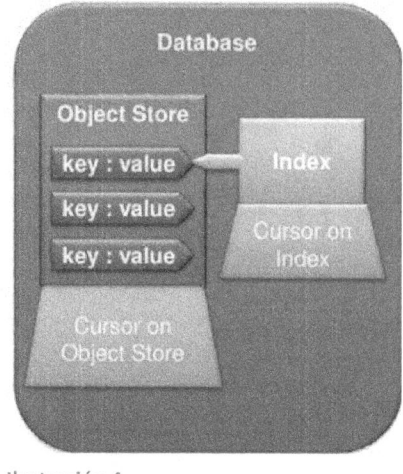

Ilustración 4.
https://www.slideshare.net/axemclion/indexed-db Estructura de IndexedDB.

Como las especificaciones están todavía elaborándose, las implementaciones actuales de indexedDB dependen de los navegadores.

Hasta que la especificación se haya consolidado, los proveedores de navegadores pueden tener diferentes implementaciones de los estándares de indexedDB. Una vez se alcance el consenso en el estándar, los proveedores implementan la API sin prefijos. En algunas implementaciones ya fueron removidos los prefijos: Internet Explorer 10, Firefox 16, Chrome 24. Cuando utilizan un prefijo, los navegadores basados en gecko usan el prefijo **moz**, mientras que los navegadores basados en WebKit usan el prefijo **webkit**.

Definiciones iniciales del navegador y las definiciones de indexedDB, personalizado para cada navegador

```
// En la siguiente línea, puede incluir prefijos de implementación que quiera probar.
window.indexedDB = window.indexedDB || window.mozIndexedDB || window.webkitIndexedDB ||
window.msIndexedDB;
// No use "var indexedDB = ..." Si no está en una función.
// Por otra parte, puedes necesitar referencias a algún objeto window.IDB*:
window.IDBTransaction = window.IDBTransaction || window.webkitIDBTransaction ||
window.msIDBTransaction;
window.IDBKeyRange = window.IDBKeyRange || window.webkitIDBKeyRange ||
window.msIDBKeyRange;
// (Mozilla nunca ha prefijado estos objetos, por lo tanto no necesitamos window.mozIDB*)
```

Se recomienda no utilizar prefijos

```
if (!window.indexedDB) {
        window.alert("Su navegador no soporta una versión estable de indexedDB. Tal y
        como las características no serán validas");
}
```

Quedaría de esta forma, que no indicaría si el navegador soporta o no indexedDB.

```
if (!indexedDB) {
        alert("Su navegador no soporta una versión estable de indexedDB. Tal y como las
        características no serán validas");
}
```

Apertura de la base de datos.

```
var request = window.indexedDB.open("NombreBaseDatos", version);
```

La solicitud de apertura no abre la base de datos o inicia la transacción de inmediato. La llamada a la función open() retornan unos objetos IDBOpenDBRequest, cuyo resultado, correcto o erróneo, se maneja en un evento.

La versión de la base de datos determina el esquema - El almacén de objetos en la base de datos y su estructura. Si la base de datos no existe, es creada y se dispara un evento ***onupgradeneeded*** de inmediato. El número de la base de datos debe ser un número entero, para que el evento anterior se dispare.

Generando manipuladores

Todas las peticiones que se realizan se acompañan de controladores de éxito y de error, denominados manipuladores, que gestionan los eventos de la apertura de la BD, de las transacciones.

```
request.onerror = function(event) {
  // Do something with request.errorCode!
};
request.onsuccess = function(event) {
  // Do something with request.result!
};
```

Si la petición anterior es correcta se dispara la función onsuccess() a petición se activa con el evento de éxito como argumento, sino se dispara onerror()

Estructura de la BASE de DATOS

IndexedDB utiliza almacenes de objetos en lugar de tablas y una sola base de datos puede contener cualquier número de almacenes de objetos. Cada vez que un valor se almacena en un almacén de objetos, se asocia con una clave. Hay varias maneras diferentes de que se puede proporcionar una clave dependiendo de si el almacén de objetos usa una ruta de clave o un generador de claves.

La siguiente tabla muestra las diferentes formas en que se suministran las teclas:

KeyPath (keyPath)	Key Generator (autoIncrement)	Descripción
No	No	Este almacén de objetos puede contener cualquier tipo de valor, incluso valores primitivos como números y cadenas. Debe proporcionar un argumento de clave por separado cada vez que desee agregar un nuevo valor.
Sí	No	Este almacén de objetos solo puede contener objetos JavaScript. Los objetos deben tener una propiedad con el mismo nombre que la ruta clave.
No	Sí	Este almacén de objetos puede contener cualquier tipo de valor. La clave se genera de forma automática, o puede proporcionar un argumento de clave por separado si desea utilizar una clave específica.
Sí	Sí	Este almacén de objetos solo puede contener objetos JavaScript. Por lo general, se genera una clave y el valor de la clave generada se almacena en el objeto en una propiedad con el mismo nombre que la ruta clave. Sin embargo, si tal propiedad ya existe, el valor de esa propiedad se utiliza como clave en lugar de generar una nueva clave.

PASO 1: Identificar el tipo de navegador que está utilizando.

Se realiza la definición la función que identifica el tipo de navegador (Práctica 13, Paso 1).

```
tipoDB();
```

Se identifica el tipo de SGBD que va a utilizar (Práctica 13, Paso 2).

```
usoDB();
```

PASO 2: Definir la función abrirIndexedDB()

Se describen los pasos de apertura de la BBDD de indexedDB.

CASO 1: Definición del entorno del navegador, antes de abrir la BBDD

Identificamos el tipo de navegador que soporta indexedDB y se lo asignamos a la variable indexedDB, dependiendo de los ejemplos puede venir precedida del identificador var o no (mozilla no usa var).

```
indexedDB = window.indexedDB || window.mozIndexedDB || window.webkitIndexedDB ||
window.msIndexedDB;
```

Identificar el tipo de transacciones en función del navegador.

```
IDBTransaction=window.IDBTransaction||window.webkitIDBTransaction||window.msIDBTransac
tion;
```

Identifica el rango clave según el navegador.

```
IDBKeyRange=window.IDBKeyRange||window.webkitIDBKeyRange||window.msIDBKeyRange;
```

Si indexedDB es soportado por el navegador tendrá un valor cierto. Sino será falso se controla por medio de una condición.

```
if (indexedDB){
        console.log("Se abrió la BD");
}else{
        console.log("No soporta la BD");
}
```

CASO 2: Abrir la Base de datos. Se abre la BBDD y se indica la versión.

```
db=indexedDB.open("CBaldo",2);
```

CASO 3: Definir los **Manipuladores**. Que se encuentran disparados por eventos en función de lo ocurrido en la definición db del caso 2).

CASO 3a: Manipulador que se establece como consecuencia de la correcta apertura de la estructura de la BBDD y la versión.

Se recoge el resultado de la apertura y se deposita en el objeto creadb, a este objeto se aplica el método de creación de un objeto nuevo, "lineaBSP" que se crear con la estructura de los objetos de la BBDD, con una clave de identificador de ruta keyPath, el campo asociado id, que se utiliza como autoincremento, de referencia a los índices que se crean a continuación, el resultado va a nuevo objeto denominado **object.** A objeto **object** se le aplica el método createIndex(nombre de la Clave, campo índice autoincrementado, tipo de clave {unique:true});

```
db.onupgradeneeded = function (e){
        console.log("Abriendo para Actualizar BDD : onupgradeneeded"+db.result+ "
        "+e.target.result);
        creadb = db.result;

        object = creadb.createObjectStore("lineaBSP", { keyPath : 'id', autoIncrement :
        true });
        object.createIndex('Mi_clave', 'id', { unique : true});
};
```

CASO 3b: Si la operación de apertura es correcta, recoges el evento e, event en el objeto **db,** y realizas …

```
db.onsucess=function (e){
        db=e.target.result;
        console.log('Visualiza salida de onsuccess: '+ db);
} ;
```

CASO 3c: Definir un Manipulador de Errores. Se recoge el evento y se puede terminar la acción, transacción.

```
db.onerror=function (e){
        //control de error
```

```
            console.log('Error al abrir la base de datos');
    };
```

CASO 4: Código completo de la función **abrirIndexedDB()**

```
function abrirIndexedDB(){
indexedDB = window.indexedDB || window.mozIndexedDB || window.webkitIndexedDB ||
window.msIndexedDB;

        IDBTransaction=window.IDBTransaction||window.webkitIDBTransaction||window.msIDBT
ransaction;
IDBKeyRange=window.IDBKeyRange||window.webkitIDBKeyRange||window.msIDBKeyRange;

        if (indexedDB){
                console.log("Se abrió la BD");
        }else{
                console.log("No soporta la BD");
        }
        // Crear la Base de Datos
        db=indexedDB.open("CBaldo",2);

        //Uso de los manipuladores

        console.log("Acaba de crear la BASE de DATOS CalcIndex")
        db.onupgradeneeded = function (e){
                console.log("Abriendo para Actualizar BDD : onupgradeneeded"+db.result+
                "+e.target.result);
        creadb = db.result;

        object = creadb.createObjectStore("lineaBSP", { keyPath : 'id', autoIncrement :
                true });
                object.createIndex('Mi_clave', 'id', { unique : true});
        };
        db.onsucess=function (e){
                db=e.target.result;
                console.log('Visualiza salida de onsuccess: '+ db);
        };
        db.onerror=function (e){
                //control de error
                console.log('Error al abrir la base de datos');
        };
}
```

PASO 3: Definir la función agregarObjeto() a la Base de Datos IndexedDB

La función agregarObjeto(), recoge el resultado de abrir la base de datos y abrimos a continuación el almacén de datos de objetos, que será un contenedor de objetos lo llamamos "lineaBSP" y se abre en modo lectura-escritura ("readwrite"). La apertura se realiza por medio del método transaction, se asigna al objeto **data**.

```
        creadb=db.result;
        var data = creadb.transaction(["lineaBSP"], "readwrite");
```

Abrimos el contenedor y establecemos que tipo de operaciones debemos realizar sobre el objeto, será una asignación del objeto.

```
        var object = data.objectStore("lineaBSP");
```

Sobre el objeto **object** realizamos una agregación de el siguiente objeto, dentro del objeto y el método add({definimos los elementos a agregar});

```
        var request = object.add({
                operando1: operador1,
                operador: operador,
                operando2: operador2,
                resultado: resultado
        });
```

A continuación se definen los manipuladores, onerror y onsuccesss. En request.onerror, en caso que la transacción sea incorrecta, se visualizará el nombre del mensaje de error, más el mensaje erróneo.

```
        request.onerror = function (e) {
                alert(request.error.name + '\n\n' + request.error.message);
        };
```

En caso de que sea correcta la apertura de la transacción, se visualiza un mensaje. Lo normal es realizar un salto para mostrar en una tabla los datos depositados en el contenedor "lineaBSP". Se produce un error si se llama a la función mostrarIndexDB();.

```
        request.onsuccess = function (e) {
        //      mostrarIndexDB;
                console.log("llamada mostrarIndexDB");
        };
```

Código de la función

```
        function agregarObjeto(){
                // console.log('Estamos agregarObjetos '+ db.result);
                // var active = db.result;
                creadb=db.result;
```

```
var data = creadb.transaction(["lineaBSP"], "readwrite");
    var object = data.objectStore("lineaBSP");
var request = object.add({
            operando1: operador1,
            operador: operador,
            operando2: operador2,
            resultado: resultado
            });
    request.onerror = function (e) {
    alert(request.error.name + '\n\n' + request.error.message);
    };
    request.onsuccess = function (e) {
//      mostrarIndexDB;
    console.log("llamada mostrarIndexDB");
    };
}
```

PASO 4: Definir la función mostrarIndexDB()

La función mostrarIndexDB(), no se define como función ya que se pierde los datos de la apertura del contenedor de objetos. Se agrega como código secuencial a la transacción anterior.

CASO 1: Se define una variable que es un objeto mostrar, se le asigna una referencia al elemento cuyo identificador de HTML5 se denomina "mostrarDatosIDB".

```
mostrar=document.getElementById('mostrarDatosIDB');
```
Se inicializa el valor del objeto HTML.
```
mostrar.innerHTML="";
```
Se recoge el estado de la base de datos
```
var active = db.result;
```
CASO 2: Se define sobre la base de datos una transacción en modo solo lectura, sobre el contenedor "lineaBSP".
```
var transaction = active.transaction("lineaBSP", "readonly");
```
Se abre el objeto sobre la transacción anterior.
```
var objectStore = transaction.objectStore("lineaBSP");
```
CASO 3: Sobre el objeto se abre un cursor, dónde se define los elementos que se desea recuperar para visualizar.
```
var request = objectStore.openCursor();
```
Una vez abierto el cursor, si es correcto se establece el manipulador onsuccess y se define la función anónima que recoge el evento. En el objeto **cursor.**
```
request.onsuccess = function(event) {
    var cursor = event.target.result
```
CASO 4: Se establece una condición con el cursor, mientras que se recorra el cursor y sea cierto que existe más objetos en el contenedor, recorrido en el cursor se incrementa al siguiente, utilizando la función continue(). Como si fuera un bucle hasta el final del elemento EOF().
```
if(cursor){
    ...
    cursor.continue();
```
CASO 5: Se define un objeto como element de una table denominado tablaRow (registro), equivalente a una fila, a la que se agregan los diferentes campos como si tratará de columnas. Se define la etiqueta <td> más el elemento del cursor con su valor (cursor.value.operado1).
```
var tableRow = document.createElement('tr');
tableRow.innerHTML= "<td width=85px>"+cursor.value.operando1+"</td>"+
                    "<td width=85px>"+cursor.value.operador+"</td>"+
                    "<td width=85px>"+cursor.value.operando2+"</td>"+
                    "<td width=85px>"+cursor.value.resultado+"</td>"+
                    "<button
                    onclick='borraIndexedDB("+cursor.value.id+")'>BorrarOperacion
                    </button>";
```
Una vez concatenados todos los valores al objeto **tableRow,** se agrega el objeto a **mostrar** como si se tratará de una nuevo nodo hijo de la etiqueta definida con el identificador denominado "mostrarDatosIDB".
```
mostrar.appendChild(tableRow);
```
CASO 6: En el caso que no se encontrará ningún valor en el cursor, se muestra un mensaje con el else
```
if(cursor){
    ...
    cursor.continue();
}else {
    console.log("paso sin valor ");
}
```

MOSTAR CÓDIGO
```
// function mostrarIndexDB(){

mostrar=document.getElementById('mostrarDatosIDB');
mostrar.innerHTML="";
```

```
var active = db.result;

var transaction = active.transaction("lineaBSP", "readonly");
var objectStore = transaction.objectStore("lineaBSP");
var request = objectStore.openCursor();
console.log("Entro en Mostrar Valores");
request.onsuccess = function(event) {
        var cursor = event.target.result;

        if(cursor){
                console.log("es cierto cursor");

                var tableRow = document.createElement('tr');
                tableRow.innerHTML= "<td width=85px>"+cursor.value.operando1+"</td>"+
                                    "<td width=85px>"+cursor.value.operador+"</td>"+
                                    "<td width=85px>"+cursor.value.operando2+"</td>"+
                                    "<td width=85px>"+cursor.value.resultado+"</td>"+
                                    "<button
                                    onclick='borraIndexedDB("+cursor.value.id+")'>Borrar
                                    Operacion </button>";

                        mostrar.appendChild(tableRow);
                cursor.continue();
        }else {
                console.log("paso sin valor ");
        }
}
}
```

UNIDAD DE TRABAJO 6: Operaciones trigonométricas y otras.

PRÁCTICA 16: Agregar funciones trigonométricas
PRÁCTICA 17: Agregar otro tipo de funciones.

Ilustración 5.
http://villacarlos15.blogspot.es/tags/matematica/
Esquema genérico de las funciones matemáticas

Sentencias:
<input>
switch
break
Math.abs()
Math.round()
Math.ln2()
Math.log()
Math.pow()
Math.tan()
Math.asin()
Math.acos()
Math.cos()
Math.sin()
Math.atan()

Contenidos:
   Operaciones trigonométricas, objeto Math

PRÁCTICA 16: Agregar funciones trigonométricas I
DESCRIPCIÓN Agregar una primera línea superior que contenga los siguientes botones

Almacenamiento:

○ BASICA
○ Programación

Estado

Se realiza la siguiente modificación en la página Web.
```
<input type="button" name="arcTag" class="boton" value="arcTag()"  onclick="operacion(15)"  />
<input type="button" name="arcCos" class="boton"  value="arcCos()" onclick="operacion(14)"/>
<input type="button" name="arcSen" class="boton"  value="arcSen()" onclick="operacion(13)" />
<input type="button" name="tangente" class="boton"  value="tan()"  onclick="operacion(12)" />
<input type="button" name="coseno"  class="boton"  value="cos()"  onclick="operacion(11)" />
<input type="button" name="seno"   class="boton"  value="sen()"  onclick="operacion(10)" />
<input type="button" name="cuadrado" class="boton"  value=" x^2 "  onclick="operacion(9)" />
<br/>
```
Se establecen los botones de: seno, coseno y tangente como operaciones básicas trigonométricas.

Operaciones trigonométricas a utilizar.

Todas las propiedades y métodos de **Math son** estáticos. Se puede referir a la constante *pi* como **Math.PI** y puede llamar a la función *seno* como **Math.sin(x),** donde *x* es el argumento del método. Las constantes se definen con la precisión completa de los números reales en JavaScript.

Propiedades

Math.E	Constante de Euler, la base de los logaritmos naturales, aproximadamente 2.718
Math.LN2	Logaritmo natural de 2, aproximadamente 0.693
Math.LN10	Logaritmo natural de 10, aproximadamente 2.303
Math.LOG2E	Logaritmo de E con base 2, aproximadamente 1.443
Math.LOG10E	Logaritmo de E con base 10, aproximadamente 0.434
Math.PI	Ratio of the circumference of a circle to its diameter, approximately 3.14159.
Math.SQRT1_2	Raíz cuadrada de 1/2; Equivalentemente, 1 sobre la raíz cuadrada de 2, aproximadamente 0.707.
Math.SQRT2	Raíz cuadrada de 2, aproximadamente 1.414.

Métodos

Math.abs(x)	Devuelve el valor absoluto de un número.
Math.acos(x)	Devuelve el arco coseno de un número.
Math.acosh(x)	Devuelve el arco coseno hiperbólico de un número.
Math.asin(x)	Devuelve el arco seno de un número.
Math.asinh(x)	Devuelve el arco seno hiperbólico de un número.
Math.atan(x)	Devuelve el arco tangente de un número.
Math.atanh(x)	Devuelve el arco tangente hiperbólico de un número.
Math.atan2(y, x)	Devuelve el arco tangente del cociente de sus argumentos.
Math.cbrt(x)	Devuelve la raíz cúbica de un número.
Math.ceil(x)	Devuelve el entero más pequeño mayor o igual que un número.
Math.clz32(x)	Devuelve el número de ceros iniciales de un entero de 32 bits.
Math.cos(x)	Devuelve el coseno de un número.
Math.cosh(x)	Devuelve el coseno hiperbólico de un número.
Math.exp(x)	Devuelve e^x, donde *x* es el argumento, y e es la constante de Euler (2.718...), la base de los logaritmos naturales.
Math.expm1(x)	Las devoluciones restando 1 exp (x)

`Math.floor(x)`	Devuelve el mayor entero menor que o igual a un número.
`Math.fround(x)`	Devuelve la representación flotante de precisión simple más cercana de un número.
`Math.hypot([x[, y[, …]]])`	Devuelve la raíz cuadrada de la suma de los cuadrados de sus argumentos.
`Math.imul(x, y)`	Devuelve el resultado de una multiplicación de enteros de 32 bits.
`Math.log(x)`	Devuelve el logaritmo natural (log, también ln) de un número.
`Math.log1p(x)`	Devuelve el logaritmo natural de x + 1 (loge, también ln) de un número.
`Math.log10(x)`	Devuelve el logaritmo en base 10 de x.
`Math.log2(x)`	Devuelve el logaritmo en base 2 de x.
`Math.max([x[, y[, …]]])`	Devuelve el mayor de cero o más números.
`Math.min([x[, y[, …]]])`	Devuelve el más pequeño de cero o más números.
`Math.pow(x, y)`	Las devoluciones de base a la potencia de exponente, que es, base exponente.
`Math.random()`	Devuelve un número pseudo-aleatorio entre 0 y 1.
`Math.round(x)`	Devuelve el valor de un número redondeado al número entero más cercano.
`Math.sign(x)`	Devuelve el signo de la x, que indica si x es positivo, negativo o cero.
`Math.sin(x)`	Devuelve el seno de un número.
`Math.sinh(x)`	Devuelve el seno hiperbólico de un número.
`Math.sqrt(x)`	Devuelve la raíz cuadrada positiva de un número.
`Math.tan(x)`	Devuelve la tangente de un número.
`Math.tanh(x)`	Devuelve la tangente hiperbólica de un número.
`Math.toSource()`	Devuelve la cadena "Matemáticas".
`Math.trunc(x)`	Devuelve la parte entera del número x, la eliminación de los dígitos fraccionarios

PASO 1: Control de las operaciones algebraicas.

Se recoge el operador1 por paso de parámetros y posteriormente se llama a la función que carga los mensajes interactivos en función del valor de la operación y se llama a la función controlMsgError(errores[numero]); error a visualizar en función de la operación, el error es la operación realizada. El código case corresponde el código de la operación que se debe realizar se encuentran numeradas.

> Las funciones trigonométricas (sin(), cos(), tan(), asin(), acos(), atan(), atan2()) devuelven ángulos en radianes.
> Para convertir radianes a grados, divida por (Math.PI / 180), y multiplique por esto para convertir a la inversa.

```
case 10:  // seno del ángulo en radianes = angulo * pi /180
        resultado=Math.sin(operador1);//*Math.PI)/180);
        mensajesInteractivos();
        controlMsgError(errores[60]);
        break;

case 11:      // coseno del angulo en radianes = angulo * pi /180
        resultado=Math.cos(operador1);//*(Math.PI/180));
        mensajesInteractivos();
        controlMsgError(errores[61]);
        break;
case 12:    // La tangente del angulo en radianes = angulo * pi /180
        resultado=Math.tan(operador1); //*Math.PI/180);
        mensajesInteractivos();
        controlMsgError(errores[62]);
        break;
case 13: // arco seno
        resultado=Math.asin(operador1);// *Math.PI)/180);
        mensajesInteractivos();
        controlMsgError(errores[63]);
        break;
case 14:// arco coseno
        resultado=Math.acos(operador1); //*Math.PI)/180);
        mensajesInteractivos();
        controlMsgError(errores[64]);
        break;
case 15: // arco tangente
        resultado=Math.atan(operador1); //*Math.PI)/180);
        mensajesInteractivos();
        controlMsgError(errores[65]);
        break;
```

> Tenga en cuenta que muchas de las funciones matemáticas tienen una precisión que es dependiente de la implementación. Esto significa que los diferentes navegadores pueden dar un resultado diferente, e incluso el mismo motor de JS en un sistema operativo o arquitectura diferente puede dar resultados diferente

Código	Función
10	Seno
11	Coseno
12	Tangente
13	Arco seno
14	Arco coseno
15	Arco Tangente

PRÁCTICA 17: Agregar otras funciones matemáticas.

DESCRIPCIÓN:

Se pretende desarrollar algunas de las siguientes operaciones matemáticas, entre ellas las trigonométricas, valores aleatorios, absolutos, logaritmos, logaritmos neperianos, el uso de exponentes y captura valores de constantes como es PI.

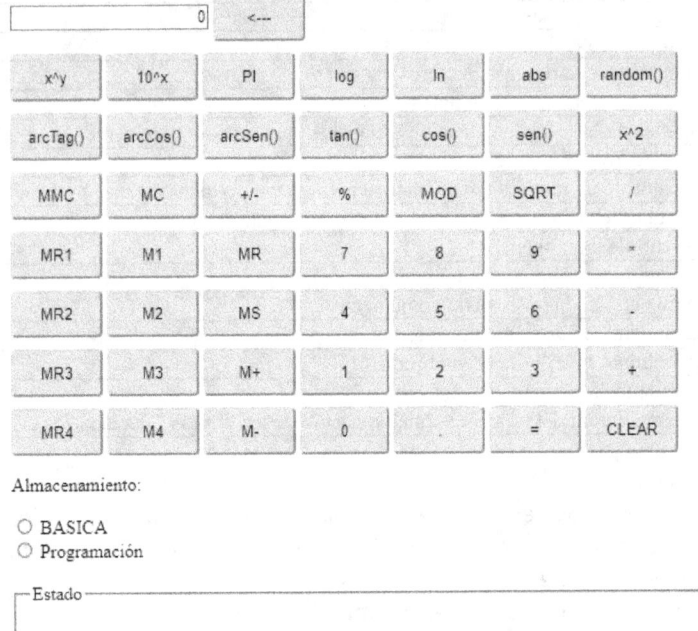

Se realiza la siguiente modificación en la página Web.

```
<input type="button" name=""   class="boton"  value="x^y"      onclick="operacion(6)"  />
<input type="button" name=""   class="boton"  value="10^x"     onclick="operacion(25)"  />
<input type="button" name=""   class="boton"  value="PI"       onclick="operacion(24)"  />
<input type="button" name=""   class="boton"  value="log"      onclick="operacion(23)"  />
<input type="button" name=""   class="boton"  value="ln"       onclick="operacion(22)"  />
<input type="button" name=""   class="boton"  value="abs"      onclick="operacion(21)"  />
<input type="button" name=""   class="boton"  value="random()" onclick="operacion(20)"  />
<br/>
```

Se establece un valor dentro de la operación, el objetivo es que ese valor se controla en función de la operación a realizar y el código de error a mostrar en el cuadro de estado.

PASO 1: Control de las operaciones superiores a 6

Se establece la condición if(x > 6), ya que todas las operaciones superiores a operacion(6), solo necesitan un solo operador, el operador a utilizar será la variable que se pasa por parámetro en y se recoge en la variable x, si el valor es superior a 6, implica que los botones pulsados solo utilizan un solo operador el operador1, en caso que el valor sea superior a 6 se llama directamente a la función resultadoope();

```
function operacion(x) {
        operador1=parseFloat(valorVisualiza);
        signoValor=true;
        teclapunto=false;
        valorVisualiza="0";
        visor.value=valorVisualiza;
        operador=x;
        // Si el valor pulsado es superior a 5 se invoca resultadoope() son operadores
        diferentes + - * / .
        if (x > 6){
                resultadoope();
        }
}
```

PASO 2: Control del resultado de las operaciones

```
// JavaScript  Math.xx  El problema que se plantea es que es una condición,
// no sabemos con qué operador estamos tratando, si con el primero o el segundo
        case 6:
                resultado=Math.pow(operador1,operador2);
                mensajesInteractivos();
                controlMsgError(errores[54]);
                break;
        case 7:  // sin asignar
                break;
        case 8: //  sqrt   raíz cuadrada
                resultado = Math.sqrt(operador1);
                mensajesInteractivos();
```

```
                controlMsgError(errores[55]);
                break;
        case 9://  x^2
                resultado=operador1*operador1;
                mensajesInteractivos();
                controlMsgError(errores[59]);
                break;
        case 10:  // seno del angulo en radianes = angulo * pi /180
                resultado=Math.sin(operador1);//*Math.PI)/180);
                mensajesInteractivos();
                controlMsgError(errores[60]);
                break;
        case 11:     // coseno del angulo en radianes = angulo * pi /180
                resultado=Math.cos(operador1);//*(Math.PI/180));
                mensajesInteractivos();
                controlMsgError(errores[61]);
                break;
        case 12:    // La tangente del angulo en radianes = angulo * pi /180
                resultado=Math.tan(operador1);  //*Math.PI/180);
                mensajesInteractivos();
                controlMsgError(errores[62]);
                break;
        case 13: // arco seno
                resultado=Math.asin(operador1);// *Math.PI)/180);
                mensajesInteractivos();
                controlMsgError(errores[63]);
                break;
        case 14:// arco coseno
                resultado=Math.acos(operador1);  //*Math.PI)/180);
                mensajesInteractivos();
                controlMsgError(errores[64]);
                break;
        case 15: // arco tangente
                resultado=Math.atan(operador1);  //*Math.PI)/180);
                mensajesInteractivos();
                controlMsgError(errores[65]);
                break;
        case 20: //
                resultado=Math.round(Math.random()*operador1+1);
                mensajesInteractivos();
                controlMsgError(errores[66]);
                break;
        case 21: //
                resultado=Math.abs(operador1);
                mensajesInteractivos();
                controlMsgError(errores[67]);
                break;
        case 22: //
                resultado=Math.ln2(operador1);
                mensajesInteractivos();
                controlMsgError(errores[68]);
                break;
        case 23: //
                resultado=Math.log(operador1);
                mensajesInteractivos();
                controlMsgError(errores[69]);
                break;
        case 24: //multiplicar o dividir por PI
                /* resultado=Math.round(operador1);
                mensajesInteractivos();
                controlMsgError(errores[65]);     */
                break;
        case 25: // 10^y
                resultado=Math.pow(10,operador1);
                mensajesInteractivos();
                controlMsgError(errores[65]);
                break;
        case 26: // x^y
/*      resultado=Math.round(operador1);
                mensajesInteractivos();
                controlMsgError(errores[65]);     */
                break;
default:
        controlMsgError(errores[33]);
```

Código	Función
1	Suma
2	Resta
3	Multiplicación
4	División
5	Modulo
6	Base^{Potencia}
7	Sin asignar
8	Raíz Cuadrada
9	Cuadrado
10	Seno
11	Coseno
12	Tangente
13	Arco seno
14	Arco coseno
15	Arco Tangente
20	Redondeo
21	Valor Absoluto
22	LN
23	Log10
24	PI
25	10^y
26	X^y

```
                // resultado="error";
                return;
        }
        //operador1=resultado;
        //operador2='';
        verResultado();
}
```

PASO 3: Se agregan una lista de nuevos mensajes que se establecen todos los

Se define un función con una lista de mensajes interactivos en función del valor asignado actualmente.

```
function mensajesInteractivos(){
        errores[50]="El resultado de "+operador1+" +   "+operador2+" = "+resultado;
        errores[51]="El resultado de "+operador1+" -   "+operador2+" = "+resultado;
        errores[52]="El resultado de "+operador1+" *   "+operador2+" = "+resultado;
        errores[53]="El resultado de "+operador1+" /   "+operador2+" = "+resultado;
        errores[54]="El resultado de "+operador1+" modulo  "+operador2+" = "+resultado;
        errores[55]="La de la raíz cuadrada de "+operador1+" es "+resultado;   // existe
        un error de  variables.
        errores[56]="Error: 56";
        errores[57]="Error: 57";
        errores[58]="Error: 58";
        errores[59]="El resultado del cuadrado de "+operador1+" es "+resultado;
        errores[60]="El seno del angulo "+operador1+" es "+resultado;
        errores[61]="El coseno del angulo "+operador1+" es "+resultado;
        errores[62]="El tangente del angulo "+operador1+" es "+resultado;
        errores[60]="El arco seno del angulo "+operador1+" es "+resultado;
        errores[61]="El arco coseno del angulo "+operador1+" es "+resultado;
        errores[62]="El arco tangente del angulo "+operador1+" es "+resultado;
        errores[63]="El arco coseno del angulo "+operador1+" es "+resultado;
        errores[64]="El arco tangente del angulo "+operador1+" es "+resultado;
        errores[65]="El arco coseno del angulo "+operador1+" es "+resultado;
        errores[66]="Da el numero "+operador1+" se calcula el número aleatorio
        "+resultado;
        errores[67]="El valor absoluto del número "+operador1+" es "+resultado;
        errores[68]="El logaritmo neperiano de  "+operador1+" es "+resultado;
        errores[69]="El logaritmo en base 10 de "+operador1+" es "+resultado;
}
```

PRÁCTICA 18: Configurar el entorno de la ventana "window.open()" del explorador.

DESCRIPCIÓN:

Se utiliza el método open del objeto window, con el objetivo de controlar el acceso a la apertura de las ventanas que se utilizan entre las diferentes ventanas.

Sintaxis: Método Open de Windows

window.open(URL, name, specs, replace)

Parámetro	Descripción
URL	Opcional. Especifica la URL de la página que se va a abrir. Si no se especifica ninguna URL, se abre una nueva ventana con: blank
name	Opcional. Especifica el atributo de destino o el nombre de la ventana. Se admiten los siguientes valores: • _blank: Se carga la URL en una nueva ventana. Esto es el predeterminado • _parent: la URL se carga en el marco padre • _self: La URL reemplaza la página actual • _top: la URL reemplaza cualquier conjunto de marcos que se pueda cargar. **name:** El nombre de la ventana (Nota: el nombre no especifica el título de la nueva ventana)
specs	**specs** Opcional. Una lista de elementos separados por comas, sin espacios en blanco. Se admiten los siguientes valores:

channelmode = yes|no|1|0	Si desea o no mostrar la ventana en modo teatro. El valor predeterminado es no. Solo
directory = yes|no|1|0	Obsoleto. Si desea o no agregar botones de directorio. El valor predeterminado es yes.
fullscreen = yes|no|1|0	Si debe estar en modo de teatro.
height = pixels	La altura de la ventana. Min. Valor es 100
left = pixels	La posición izquierda de la ventana. No se permiten valores negativos.
location = yes|no|1|0	Si desea o no mostrar el campo de dirección. Sólo Opera.
menubar = yes|no|1|0	Si desea o no mostrar la barra de menús.
resizable = yes|no|1|0	Si desea o no mostrar el navegador en modo de pantalla completa. El valor predeterminado es no. Una ventana en modo de pantalla completa también la ventana es o no redimensionable.
scrollbars = yes|no|1|0	Si desea o no mostrar las barras de desplazamiento. IE, Firefox y Opera solamente.
status = yes|no|1|0	Si se agrega o no una barra de estado.
titlebar = yes|no|1|0	Si desea o no mostrar la barra de título. Se ignora a menos que la aplicación llamante sea una aplicación HTML o un cuadro de diálogo de confianza.
toolbar = yes|no|1|0	Si desea o no mostrar la barra de herramientas del navegador. IE y Firefox solamente
top = pixels	La posición superior de la ventana. No se permiten valores negativos
width = pixels	El ancho de la ventana. Min. Valor es 100

optional	Especifica si la URL crea una entrada nueva o reemplaza la entrada actual en la lista de historiales. Se admiten los siguientes valores: **true**: la URL reemplaza al documento actual en la lista del historial. **false**: URL crea una nueva entrada en la lista de historial.

Width	Ajusta el ancho de la ventana. En pixels
height	Ajusta el alto de la ventana.
top	Indica la posición de la ventana. En concreto es la distancia en pixels que existe entre el borde superior de la pantalla y el borde superior de la ventana.
left	Indica la posición de la ventana. En concreto es la distancia en pixels que existe entre el borde izquierdo de la pantalla y el borde izquierdo de la ventana.
scrollbars	Para definir de forma exacta si salen o no las barras de desplazamiento. scrollbars=NO hace que nunca salgan. Scrollbars=YES hace que salgan (siempre en ie y solo si son necesarias en NTS).
resizable	Establece si se puede o no modificar el tamaño de la ventana. Con resizable=YES se puede modificar el tamaño y con resizable=NO se consigue un tamaño fijo.
directories(barra directorios)	A partir de aquí se enumeran otra serie de propiedades que sirven para mostrar o no un elemento
location (barra direcciones)	de la barra de navegación que tienen los navegadores más populares, como podría ser la barra de
menubar (barra de menús)	menús o la barra de estado.
status (barra de estado)	
titlebar(la barra del título)	Cuando ponemos el atributo=YES estamos forzando a que ese elemento se vea. Cuando ponemos
toolbar (barra de herramientas)	atributo=NO lo que hacemos es evitar que ese elemento se vea.

PASO 1: Establecer todos los parámetros en una sola cadena

Se asignan todos los atributos que se desea que tenga la ventana, se concatenan en una variable y después se pasa la variable como parámetro a la ventana.

```
<script LANGUAGE="JavaScript">
<!--
function openwindow(url, width, height) {
        var win;
        var windowName;
        var params;
        windowName = "features";
        params = "toolbar=0,";
        params += "location=0,";
        params += "directories=0,";
        params += "status=0,";
        params += "menubar=0,";
        params += "titlebar=0,";
        params += "scrollbars=1,";
        params += "resizable=1,";
        params += "top=50,";
        params += "left=50,";
        params += "width="+width+",";
        params += "height="+height;
        win = window.open(url, windowName, params);
}
// -->
</SCRIPT>
```

PASO 2: Paso de parámetros con métodos POST

Se genera una función para realiza la apertura de una ventana con la URL y el nombre que se pasa como valor. Se generan las etiquetas y posteriormente se construye la página, con un formulario y a su vez la generación del código JavaScript.

```
<script type="text/javascript">
    function openWindowWithPost(url,name,keys,values) {
            var newWindow = window.open(url, name);
            if (!newWindow) return false;
            var html = "";
            html += "<html><head></head><body><form id='formid' method='post' action='"
    + url +"'>";
            if (keys && values && (keys.length == values.length))
                for (var i=0; i < keys.length; i++)
                    html += "<input type='hidden' name='" + keys[i] + "' value='" +
    values[i] + "'/>";
            html += "</form><script
    type='text/javascript'>document.getElementById(\"formid\").submit()
    </sc"+"ript></body></html>";
            newWindow.document.write(html);
            return newWindow;
    }
    openWindowWithPost("","AbrirFichero",1,600);
</script>
```

UNIDAD DE TRABAJO 7: Trabajar con la memoria Caché.

PRÁCTICA 19: Cargar el archivo de manifiesto de caché, HTML5.

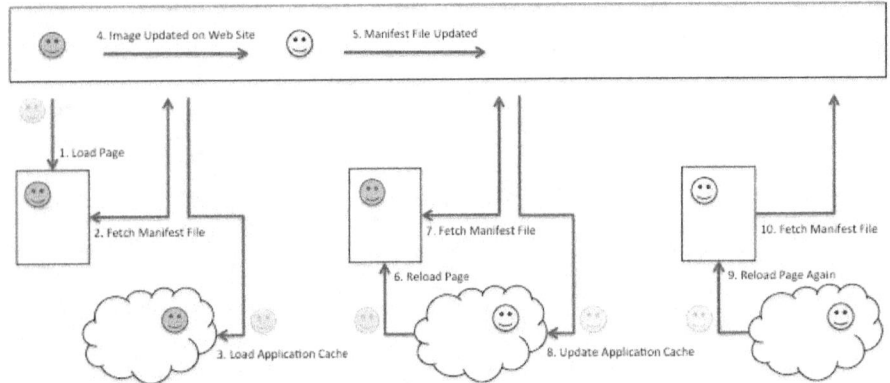

Ilustración 6. http://blog.jamesdbloom.com/ProblemsWithApplicationCache.html
estructura de los eventos.

Contenidos:
HTML5, cargar el archivo de manifests en caché.
- Actualizar con la memoria caché.
- Interactuar con la memoria caché.
- Estado de la caché.
- Eventos de caché de aplicaciones.

Sentencias:
setInterval()
window.applicationCache
applicationCache.status
applicationCache.update()
applicationCache.swapCache()
window.addEventListener()
confirm()
hamdleCacheEvent(e)
window.close()
window.open()
window.location.reaload()

PRÁCTICA 19: Cargar el archivo de manifiesto de caché, HTML5.

DESCRIPCIÓN:

Cada vez es más importante poder acceder a las aplicaciones web sin conexión. Es cierto que todos los navegadores tienen mecanismos de almacenamiento en caché, pero esos sistemas no son fiables y no siempre funcionan como debieran. HTML5 permite resolver algunas de las molestias asociadas al trabajo sin conexión mediante la interfaz ApplicationCache.

Las tres ventajas que conlleva el uso de la interfaz de caché para una aplicación.

1. Navegación sin conexión: los usuarios pueden explorar todo el sitio web sin conexión.
2. Velocidad: los recursos almacenados en caché son locales y, por tanto, se cargan más rápido.
3. Reducción de carga del servidor: el navegador solo descarga recursos del servidor que han cambiado.

La caché de aplicación (o AppCache) permite que el desarrollador especifique los archivos que el navegador debe almacenar en caché y poner a disposición de los usuarios que trabajen sin conexión. La aplicación se cargará y funcionará correctamente, incluso si el usuario pulsa el botón de actualización mientras trabaja sin conexión.

El archivo de manifiesto de caché

El archivo de manifiesto de caché es un sencillo archivo de texto que contiene los recursos que debe almacenar en caché el navegador para el acceso sin conexión.

Referencia a un archivo de manifiesto

Para habilitar la caché de aplicación para una aplicación, incluye el atributo "manifest" en la etiqueta *html* del documento:

```
<html manifest="ejemplo.appcache">
...
</html>
```

El atributo *manifest* debe estar incluido en todas las páginas de tu aplicación web que quieras que se almacenen en caché. El navegador no almacenará en caché ninguna página que no contenga el atributo *manifest* (a menos que esa página aparezca explícitamente en el propio archivo de manifiesto). Así pues, cualquier página a la que acceda el usuario que incluya un atributo *manifest* se añadirá implícitamente a la caché de la aplicación. Por tanto, no es necesario incluir cada una de las páginas en el archivo de manifiesto.

El atributo *manifest* puede señalar a una URL absoluta o a una ruta relativa, pero las URL absolutas deben tener el mismo origen que la aplicación web. Un archivo de manifiesto puede tener cualquier extensión, pero se debe mostrar con el tipo MIME correcto (indicado a continuación).

```
<html manifest="http://www.example.com/example.mf">
...
</html>
```

El tipo MIME con el que se deben mostrar los archivos de manifiesto es text/cache-manifest. Es posible que tengas que añadir un tipo de archivo personalizado a la configuración de .htaccess o de tu servidor web.

Por ejemplo, para mostrar este tipo MIME en Apache, añade la siguiente línea a tu archivo de configuración:

AddType text/cache-manifest .appcache

También puedes añadir las siguientes líneas a tu archivo "app.yaml" en Google App Engine:

```
url: /mystaticdir/(.*\.appcache)
static_files: mystaticdir/\1
mime_type: text/cache-manifest
upload: mystaticdir/(.*\.appcache)
```

Estructura de un archivo de manifiesto

A continuación se muestra un ejemplo de un archivo de manifiesto sencillo:

```
CACHE MANIFEST
index.html
stylesheet.css
images/logos.png
scripts/main.js
```

El archivo de manifiesto del ejemplo permite almacenar en caché los cuatro archivos de la página especificados.

Se deben tener en cuenta un par de cosas:

- La cadena CACHE MANIFEST debe aparecer en la primera línea y es obligatoria.
- Los sitios no pueden tener más de 5 MB de datos almacenados en caché. Sin embargo, si creas una aplicación para Chrome Web Store, puedes utilizar unlimitedStorage para eliminar esta restricción.
- Si no se puede descargar el archivo de manifiesto o algún recurso especificado en él, fallará todo el proceso de actualización de la caché. En caso de fallo, el navegador seguirá utilizando la antigua caché de la aplicación.

CODIGO FUENTE

```
CACHE MANIFEST
# 2017-06-18:v2
# Especificaciones en la  cache de todas las entradas principales..
```

```
CACHE:
/favicon.ico
index.html
stylesheet.css
images/logo.png
scripts/main.js

# Resources that require the user to be online.
NETWORK:
login.php
/myapi
http://api.twitter.com

# static.html will be served if main.py is inaccessible
# offline.jpg will be served in place of all images in images/large/
# offline.html will be served in place of all other .html files
FALLBACK:
/main.py /static.html
images/large/ images/offline.jpg
*.html /offline.html
```

Las líneas que comienzan con el símbolo "#" son líneas de comentarios, pero también pueden tener otra finalidad. La caché de una aplicación solo se actualiza cuando se produce algún cambio en su archivo de manifiesto. Por ejemplo, si se edita un recurso de imagen o se modifica una función JavaScript, esos cambios no se reflejarán en el contenido almacenado en caché.

Para que el navegador actualice los archivos almacenados en caché, se debe modificar el propio archivo de manifiesto. Una forma de asegurarte de que los usuarios tengan la última versión de tu software es crear una línea de comentario con un valor hash generado correspondiente al número de versión de los archivos o una marca de tiempo. También puedes actualizar la caché mediante programación una vez que esté lista una nueva versión, tal como se indica en la sección sobre actualización de la caché.

Un archivo de manifiesto puede incluir tres secciones: CACHE, NETWORK y FALLBACK.

CACHE:

Esta es la sección predeterminada para las entradas. Los archivos incluidos en esta sección (o inmediatamente después de *CACHE MANIFEST)* se almacenarán en caché explícitamente después de descargarse por primera vez.

NETWORK:

Los archivos incluidos en esta sección son recursos permitidos que requieren conexión al servidor. En todas las solicitudes enviadas a estos recursos se omite la caché, incluso si el usuario está trabajando sin conexión. Se pueden utilizar caracteres comodín.

FALLBACK:

Se trata de una sección opcional en la que se especifican páginas alternativas en caso de no poder acceder a un recurso. La primera URI corresponde al recurso y la segunda, a la página alternativa. Ambas URI deben estar relacionadas y tener el mismo origen que el archivo de manifiesto. Se pueden utilizar caracteres comodín.

En el archivo de manifiesto que se muestra a continuación se define una página "general" (offline.html) que aparecerá cuando el usuario intente acceder al directorio raíz del sitio sin conexión. También se indica que todos los demás recursos (por ejemplo, los que se encuentran en sitios remotos) requieren conexión a Internet.

```
CACHE MANIFEST
# 2010-06-18:v3

# Explicitly cached entries
index.html
css/style.css

# offline.html will be displayed if the user is
offline
FALLBACK:
/ /offline.html

# All other resources (e.g. sites) require the user
to be online.
NETWORK:
*

# Additional resources to cache
CACHE:
images/logo1.png
images/logo2.png
images/logo3.png
```

Nota: estas secciones se pueden incluir en cualquier orden y pueden aparecer varias veces en cada archivo de manifiesto.

Nota: el archivo HTML al que hace referencia el archivo de manifiesto se almacena en caché automáticamente. No es necesario incluirlo en el archivo de manifiesto, pero se recomienda hacerlo.

Nota: los archivos de manifiesto de caché anulan los encabezados de caché de HTTP y las restricciones de almacenamiento en caché aplicables a las páginas mostradas a través de SSL. Por tanto, se puede hacer que las páginas mostradas a través de https funcionen sin conexión.

Actualización de la memoria caché

Una vez que una aplicación pasa a funcionar sin conexión, se queda almacenada en caché hasta que se da alguna de las siguientes circunstancias:

1. El usuario borra el almacenamiento de datos del sitio en el navegador.
2. Se modifica el archivo de manifiesto
3. La caché de la aplicación se actualiza mediante programación.

> NOTA: cuando se actualiza un archivo incluido en el archivo de manifiesto, el navegador no tiene por qué volver a almacenar necesariamente ese recurso en caché. Se debe sustituir el propio archivo de manifiesto.

Interactuar con la memoria caché

Es posible interactuar con el caché de aplicaciones utilizando la API de JavaScript. Esta API se puede acceder a través de window.applicationCache.

La API admite los siguientes eventos:

- **window.applicationCache.onchecking** Este eventhandler se llama cuando el navegador está descargando el archivo de manifiesto por primera vez o cuando está descargando el manifiesto para comprobar si ha habido una actualización. Este eventhandler es siempre el primer eventhandler que se llama.

- **window.applicationCache.onnoupdate** Este eventhandler se llama, después de que se llama al eventhandler de verificación, si no ha habido ningún cambio en el archivo de manifiesto. No se invoca más eventhandlers después de este eventhandler.

- **window.applicationCache.ondownloading** Este eventhandler se llama, después de que se llama a eventhandler, si se están descargando los recursos enumerados en el archivo de manifiesto porque nunca se han descargado antes o se ha actualizado el archivo de manifiesto.

- **window.applicationCache.onprogress** Este eventhandler se llama después de cada archivo que se muestra en el archivo de manifiesto se descarga. El evento pasado a este eventhandler es un ProgressEvent con propiedades de adición total y cargado sin embargo esto no se implementa de forma confiable en todo el navegador.

- **window.applicationCache.oncached** Este eventhandler se llama, después de que se llama al manejador de sucesos de descarga, cuando se han descargado todos los recursos del archivo de manifiesto. No se invoca más eventhandlers después de este eventhandler.

- **window.applicationCache.onupdateready** Este eventhandler se llama, después de que se llama al manejador de eventos de descarga, cuando se ha actualizado a una caché de aplicaciones existente y se han descargado todos los recursos del archivo de manifiesto. No se invoca más eventhandlers después de este eventhandler.

- **window.applicationCache.onobselete** Este eventhandler se llama si la solicitud para el archivo de manifiesto devuelve un código de estado 404 Not Found o un 410 Gone. Se utiliza para indicar que no se puede encontrar el archivo de manifiesto y se eliminará el caché de aplicaciones. No se invoca más eventhandlers después de este eventhandler.

- **window.applicationCache.onerror** Este eventhandler se llama cuando ha habido un error. Hay varias causas para este evento, incluyendo: un error al recuperar el archivo de manifiesto, un error al recuperar los recursos enumerados en el archivo de manifiesto, el archivo de manifiesto se actualizó mientras se actualizaba el caché de aplicaciones. No se invoca más eventhandlers después de este eventhandler.

La API admite la siguiente variable:

- **window.applicationCache.status** Esto indica el valor de estado actual como un entero que puede ser decodificado usando cualquiera de las constantes de estado (listadas abajo).
- **window.applicationCache.UNCACHED** El estado de una página que no utiliza el caché de aplicaciones.
- **window.applicationCache.IDLE** El estado cuando el caché de aplicaciones está inactivo
- **window.applicationCache.CHECKING** El estado cuando el navegador está descargando el archivo de manifiesto por primera vez o cuando está descargando el manifiesto para comprobar si ha habido una actualización.
- **window.applicationCache.DOWNLOADING** El estado cuando se están descargando los recursos enumerados en el archivo de manifiesto porque nunca se han descargado antes o se ha actualizado el archivo de manifiesto.
- **window.applicationCache.UPDATEREADY** El estado en el que se ha actualizado una caché de aplicaciones existente y se han descargado todos los recursos del archivo de manifiesto.
- **window.applicationCache.OBSOLETE** El estado cuando la solicitud del archivo de manifiesto devuelve un código de estado 404 Not Found o un 410 Gone.

La API admite los siguientes métodos:

- **window.applicationCache.update** Este método activa el proceso que solicita el archivo de manifiesto para comprobar si se ha actualizado y, a continuación, actualiza el caché de aplicaciones si es necesario.
- **window.applicationCache.swapCache** Este método intercambia el caché antiguo, normalmente utilizado para mostrar la página actual, con una nueva caché, normalmente actualizada debido a un cambio en el archivo de manifiesto.

Una de las formas más útiles de utilizar la API de caché de aplicaciones es solicitar al usuario que actualice la página cuando se haya actualizado el caché de aplicaciones. Esto ayuda a resolver uno de los problemas conocidos con el uso de la caché de aplicaciones llamada el problema de actualización doble, esto se describe en detalle en mi blog siguiente Problemas con caché de aplicaciones.

```
window.appllicationCache.addEventListener('updateready', function (e) {
    displayMessage("Una nueva version esta Habilitada. Para refrescar la página en el
        orden obtenida")
} ,false);
```

Un enfoque alternativo menos "amigable" es actualizar forzosamente la página si se actualiza el caché de aplicaciones, sin embargo, esto puede dar como resultado que la página aparezca volver a cargar dos veces cuando se actualice el manifiesto. La página inicialmente cargaría inmediatamente cuando el archivo se cargue desde el caché de aplicaciones y luego se actualizaría cuando se actualizara el caché de aplicaciones. Para la red rápida esto sería aceptable pero para la red móvil esto no produciría una buena experiencia:

```
windows.applicationCache.addEventListener('updateready', function(e) {
    if (window.applicationCache.status == window.applicationCache.UPDATEREADY) {
        window.applicationCache.swapCache();
        window.location.reload();
    }
}, false);
```

Otro uso de la API puede ser ejecutar un encuestador por hora que comprueba si el Manifiesto de Aplicación se ha actualizado si se utiliza además del código anterior que solicita a los usuarios actualizar la página de este código aseguraría que los usuarios siempre tengan la última copia del sitio.

setInterval(function(){window.applicationCache.update():} 3600000);

Estado de la caché

El objeto ***window.applicationCache*** permite acceder (mediante programación) a la caché de aplicación del navegador. Su propiedad ***status*** permite comprobar el estado de la memoria caché:

```
var appCache = window.applicationCache;

switch (appCache.status) {
 case appCache.UNCACHED: // UNCACHED == 0
  return 'UNCACHED';
  break;
 case appCache.IDLE: // IDLE == 1
  return 'IDLE';
  break;
 case appCache.CHECKING: // CHECKING == 2
  return 'CHECKING';
  break;
 case appCache.DOWNLOADING: // DOWNLOADING == 3
  return 'DOWNLOADING';
  break;
 case appCache.UPDATEREADY: // UPDATEREADY == 4
  return 'UPDATEREADY';
  break;
 case appCache.OBSOLETE: // OBSOLETE == 5
  return 'OBSOLETE';
  break;
 default:
  return 'UKNOWN CACHE STATUS';
  break;
};
```

Para actualizar la caché mediante programación, primero se debe hacer una llamada a ***applicationCache.update()***. Al hacer esa llamada, se intentará actualizar la caché del usuario (para lo cual será necesario que haya cambiado el archivo de manifiesto). Finalmente, cuando el estado de ***applicationCache.status*** sea *UPDATEREADY*, al llamar a ***applicationCache.swapCache(),*** se sustituirá la antigua caché por la nueva.

```
var appCache = window.applicationCache;
appCache.update(); // Attempt to update the user's cache.

...

if (appCache.status == window.applicationCache.UPDATEREADY) {
  appCache.swapCache();  // The fetch was successful, swap in
the new cache.
}
```

> **Nota:** al utilizar `update()` y `swapCache()` de este modo, no se muestran los recursos actualizados a los usuarios. El flujo indicado solo sirve para pedirle al navegador que busque un nuevo archivo de manifiesto, que descargue el contenido actualizado que se especifica y que actualice la caché de la aplicación. Por tanto, la página se tiene que volver a cargar dos veces para que se muestre el nuevo contenido a los usuarios: una vez para extraer una nueva caché de aplicación y otra para actualizar el contenido de la página.

Afortunadamente, se puede evitar este doble trabajo de recarga. Para que los usuarios puedan acceder a la versión más reciente del contenido de tu sitio, puedes establecer un detector que controle el evento ***updateready*** cuando se cargue la página:

```
// Check if a new cache is available on page load.
window.addEventListener('load', function(e) {

  window.applicationCache.addEventListener('updateready', function(e) {
    if (window.applicationCache.status == window.applicationCache.UPDATEREADY) {
      // Browser downloaded a new app cache.
      // Swap it in and reload the page to get the new hotness.
      window.applicationCache.swapCache();
      if (confirm('A new version of this site is available. Load it?')) {
        window.location.reload();
      }
    } else {
      // Manifest didn't changed. Nothing new to server.
    }
  }, false);

}, false);
```

Eventos de caché de aplicación

Como cabría esperar, hay algunos eventos adicionales que permiten controlar el estado de la caché. El navegador activa eventos para una serie de acciones (como el progreso de las descargas, la actualización de la caché de las aplicaciones y los estados de error). El siguiente fragmento permite establecer detectores de eventos para cada tipo de evento de caché:

```
function handleCacheEvent(e) {
  //...
}

function handleCacheError(e) {
  alert('Error: Cache falla al actualizarse!');
};
// Se dispara después de la primera caché del manifiesto
appCache.addEventListener('cached', handleCacheEvent, false);

// Comprobar si hay una actualización. Siempre el primer evento disparado en la
secuencia.
appCache.addEventListener('checking', handleCacheEvent, false);

// Se encontró una actualización. El navegador está recuperando recursos.
appCache.addEventListener('downloading', handleCacheEvent, false);

// El manifiesto devuelve 404 o 410, la descarga falló,
// o el manifiesto cambió mientras la descarga estaba en progreso.
appCache.addEventListener('error', handleCachcError, false);

// Se dispara después de la primera descarga del manifiesto
appCache.addEventListener('noupdate', handleCacheEvent, false);

// Se dispara si el archivo de manifiesto devuelve un 404 o un 410.
// Esto hace que se elimine la caché de la aplicación.
appCache.addEventListener('obsolete', handleCacheEvent, false);

// Se dispara para cada recurso que aparece en el manifiesto a medida que se está
recuperando.
appCache.addEventListener('progress', handleCacheEvent, false);

// Se dispara cuando los recursos de manifiesto han sido descargados nuevamente
appCache.addEventListener('updateready', handleCacheEvent, false);
```

Si no se puede descargar el archivo de manifiesto o algún recurso especificado en él, fallará todo el proceso de actualización. Si se produce ese fallo, el navegador seguirá utilizando la antigua caché de la aplicación.

PASO 1: Llamada al fichero de manifiesto desde el atributo HTML5.

En el fichero HTML principal o fichero index.html se especifica dentro de la etiqueta <hmtl> el atributo manifest con la asignación al fichero de manifiesto "calculadora.appcache".

```
<html manifest="calculadora.appcache">
```

PASO 2: Contenido del fichero de manifiesto.

Se muestra el contenido del fichero de manifiesto "calculadora.appcache".

```
CACHE MANIFEST
# fecha de creación: 2017/04/28
# Contenido de las entadas por defecto
# Se cargan de forma explícita.
index.html
css/estilos01.css
```

```
FALLBACK:
#

NETWORK:
*

# carga adicional en cache
CACHE:
calculadoraBasica.html
CalculadoraMemoria.html
CalculadoraProgramacion.html
```

PASO 3: Contenido del fichero de manifiesto.
En este fichero se realizan pruebas para realizar la carga desde este fichero index.html, de la calculadora.

CASO 1) Se carga el fichero de manifiesto calculadora.appcache en la etiqueta html con el atributo manifest.
```
<html manifest="calculadora.appcache">
```
CASO 2) Cargar el fichero de calculadoraBasica.html desde la etiqueta **<body>** agregando el atributo onload.
```
<body onload="window.open('calculadoraBasica.html');">
```
CASO 3) Se carga el fichero calculadoraBasica, utilizando la llamada a la función cambioCalculadora(,,) se pasa el primer parámetro el nombre del fichero abrir, el segundo la anchura y el tercero la altura.
```
<body onload="cambioCalculadora('calculadoraBasica.html',370,440)">
```
CASO 4) Se utiliza un intervalor de tiempo y la llamada a window.open, nombre del fichero, ancho y alto, fuera de la function(), tiempo del intervalor.
```
setInterval(function(){window.open('calculadoraBasica.html',370,440);}, 3600);
```
Una vez lanzado, hay que cerrar el fichero index.html, para que el intervalo no cree un bucle.
```
window.close();
```
CASO 5) Realizar una llamada a la función, cambioCalculadora
```
cambioCalculadora('calculadoraBasica.html',370,440);
```
CASO 6) Utilizar el intervalo de tiempo para realizar una llamada a la función cambioCalculadora.
```
// setInterval(function(){cambioCalculadora('calculadoraBasica.html',370,440);}, 500);
```
CASO 7) Se realiza la carga del manifiesto y la llamada a la calculadoraBasica.html, ancho y alto. Se cierra el fichero index.html
```
<!DOCTYPE html>
<html manifest="calculadora.appcache">
    <head>
        <meta charset="UTF-8">
    </head>
    <body>
    <script>
        window.open('calculadoraBasica.html',370,440);
        window.close();
    </script>
    </body>
</html>
```

ANEXO I: Tabla ASCII

Caracteres ASCII de control

00	NULL	(carácter nulo)
01	SOH	(inicio encabezado)
02	STX	(inicio texto)
03	ETX	(fin de texto)
04	EOT	(fin transmisión)
05	ENQ	(consulta)
06	ACK	(reconocimiento)
07	BEL	(timbre)
08	BS	(retroceso)
09	HT	(tab horizontal)
10	LF	(nueva línea)
11	VT	(tab vertical)
12	FF	(nueva página)
13	CR	(retorno de carro)
14	SO	(desplaza afuera)
15	SI	(desplaza adentro)
16	DLE	(esc.vínculo datos)
17	DC1	(control disp. 1)
18	DC2	(control disp. 2)
19	DC3	(control disp. 3)
20	DC4	(control disp. 4)
21	NAK	(conf. negativa)
22	SYN	(inactividad sinc)
23	ETB	(fin bloque trans)
24	CAN	(cancelar)
25	EM	(fin del medio)
26	SUB	(sustitución)
27	ESC	(escape)
28	FS	(sep. archivos)
29	GS	(sep. grupos)
30	RS	(sep. registros)
31	US	(sep. unidades)
127	DEL	(suprimir)

Caracteres ASCII imprimibles

32	espacio	64	@	96	`
33	!	65	A	97	a
34	"	66	B	98	b
35	#	67	C	99	c
36	$	68	D	100	d
37	%	69	E	101	e
38	&	70	F	102	f
39	'	71	G	103	g
40	(	72	H	104	h
41	)	73	I	105	i
42	*	74	J	106	j
43	+	75	K	107	k
44	,	76	L	108	l
45	-	77	M	109	m
46	.	78	N	110	n
47	/	79	O	111	o
48	0	80	P	112	p
49	1	81	Q	113	q
50	2	82	R	114	r
51	3	83	S	115	s
52	4	84	T	116	t
53	5	85	U	117	u
54	6	86	V	118	v
55	7	87	W	119	w
56	8	88	X	120	x
57	9	89	Y	121	y
58	:	90	Z	122	z
59	;	91	[	123	{
60	<	92	\	124		
61	=	93	]	125	}
62	>	94	^	126	~
63	?	95	_		

ASCII extendido (Página de código 437)

128	Ç	160	á	192	└	224	Ó
129	ü	161	í	193	┴	225	ß
130	é	162	ó	194	┬	226	Ô
131	â	163	ú	195	├	227	Ò
132	ä	164	ñ	196	─	228	õ
133	à	165	Ñ	197	┼	229	Õ
134	å	166	ª	198	ã	230	µ
135	ç	167	º	199	Ã	231	þ
136	ê	168	¿	200	╚	232	Þ
137	ë	169	®	201	╔	233	Ú
138	è	170	¬	202	╩	234	Û
139	ï	171	½	203	╦	235	Ù
140	î	172	¼	204	╠	236	ý
141	ì	173	¡	205	═	237	Ý
142	Ä	174	«	206	╬	238	¯
143	Å	175	»	207	¤	239	´
144	É	176	░	208	ð	240	≡
145	æ	177	▒	209	Ð	241	±
146	Æ	178	▓	210	Ê	242	‗
147	ô	179	│	211	Ë	243	¾
148	ö	180	┤	212	È	244	¶
149	ò	181	Á	213	ı	245	§
150	û	182	Â	214	Í	246	÷
151	ù	183	À	215	Î	247	¸
152	ÿ	184	©	216	Ï	248	°
153	Ö	185	╣	217	┘	249	¨
154	Ü	186	║	218	┌	250	·
155	ø	187	╗	219	█	251	¹
156	£	188	╝	220	▄	252	³
157	Ø	189	¢	221	▌	253	²
158	×	190	¥	222	▐	254	■
159	ƒ	191	┐	223	▀	255	nbsp

Ilustración 7. https://danielabregocds.wordpress.com/codigo-ascii/

ANEXO II: Los KeyCodes de los eventos de Windows.

Keyboard - key Pressed	IE JavaScript - Key Code value	Firefox JavaScript - Key Code value
backspace	8	8
tab	9	9
enter	13	13
shift	16	16
ctrl	17	17
alt	18	18
pause/break	19	19
caps lock	20	20
escape	27	27
page up	33	33
Space	32	32
page down	34	34
end	35	35
home	36	36
arrow left	37	37
arrow up	38	38
arrow right	39	39
arrow down	40	40
print screen	44	44
insert	45	45
delete	46	46
0	48	48
1	49	49
2	50	50
3	51	51
4	52	52
5	53	53
6	54	54
7	55	55
8	56	56
9	57	57
a	65	65
b	66	66
c	67	67
d	68	68
e	69	69
f	70	70
g	71	71
h	72	72
i	73	73
j	74	74
k	75	75
l	76	76
m	77	77
n	78	78
o	79	79
p	80	80
q	81	81
r	82	82
s	83	83
t	84	84
u	85	85
v	86	86
w	87	87
x	88	88

y	89	89
z	90	90
left window key	91	91
right window key	92	92
select key	93	93
numpad 0	96	96
numpad 1	97	97
numpad 2	98	98
numpad 3	99	99
numpad 4	100	100
numpad 5	101	101
numpad 6	102	102
numpad 7	103	103
numpad 8	104	104
numpad 9	105	105
multiply	106	106
add	107	107
subtract	109	109
decimal point	110	110
divide	111	111
f1	112	112
f2	113	113
f3	114	114
f4	115	115
f5	116	116
f6	117	117
f7	118	118
f8	119	119
f9	120	120
f10	121	121
f11	122	122
f12	123	123
num lock	144	144
scroll lock	145	145
My Computer (multimedia keyboard)	182	182
My Calculator (multimedia keyboard)	183	183
semi-colon	186	186
equal sign	187	107
comma	188	188
dash	189	189
period	190	190
forward slash	191	191
open bracket	219	219
back slash	220	220
close bracket	221	221
single quote	222	222

ANEXO III: CODIGO FUENTE HTML

calculadoraBasica.html

```html
<!DOCTYPE html>
<html>
	<head>
		<style type="text/css">
			.boton{
				width:80px;
				height: 40px;
				margin-top: 10px;
				border-radius: 4px ;
			}
			#tamalegend{{
				width: 450px;
			}
		</style>
		<!-- <script type="text/javascript">

			ventanaX=800;
			ventanaY=650;
			self.resizeTo(ventanaX,ventanaY);
			//self.focus();
		</script>  -->
	</head>
<body onkeydown="controlBorrado(event)"  onkeypress="controlnumeros(event) onload="abrirNuevaVentana()">
<form name="calbasica">
	<input type="text" id="visor" name="display" value="0" style="text-align:right" pattern="[0-9]+(\.[0-9]*)">
	<input type="button" name="borrar" class="boton" value="<---" onclick="borraDigito()">
	<input type="button" onclick="cerrarTodo()"  value="Close" />
	<br/>
	<!--  Ajustado a CHROME
	<input type="radio" name="almacenaMemoria" value="lstorage"
onclick="cambioCalculadora('calculadoraMemoria.html',620,560)" > Tipo de memoria LocalStorage
	<input type="radio" name="programacion" value="programacion"
onclick="cambioCalculadora('calculadoraProgramacion.html',365,660)" > Programaci&oacute;n  -->
	<input type="radio" name="almacenaMemoria" value="lstorage"
onclick="cambioCalculadora('calculadoraMemoria.html',640,660)" > Tipo de memoria LocalStorage
	<input type="radio" name="programacion" value="programacion"
onclick="cambioCalculadora('calculadoraProgramacion.html',485,660)" > Programaci&oacute;n
	<br/>
	<input type="button" name="sumaresta" class="boton" value="+/-" onclick="cambiaSigno()">
	<input type="button" name="porcen" class="boton" value="%" onclick="porcentaje()">
	<input type="button" name="mod" class="boton" value="mod" onclick="operacion(5)">
	<input type="button" name="suma" class="boton" value="+" onclick="operacion(1)">
	<br/>
	<input type="button" name="siete" class="boton" value="7" onclick="acumularVer(siete.value)" >
	<input type="button" name="ocho" class="boton" value="8" onclick="acumularVer(ocho.value)">
	<input type="button" name="nueve" class="boton" value="9" onclick="acumularVer(nueve.value)">
	<input type="button" name="resta" class="boton" value="-" onclick="operacion(2)">
	<br/>
	<input type="button" name="cuatro" class="boton" value="4" onclick="acumularVer(cuatro.value)">
	<input type="button" name="cinco" class="boton" value="5" onclick="acumularVer(cinco.value)">
	<input type="button" name="seis" class="boton" value="6" onclick="acumularVer(seis.value)">
	<input type="button" name="multi" class="boton" value="*" onclick="operacion(3)">
	<br/>
	<input type="button" name="uno" class="boton" value="1" onclick="acumularVer(uno.value)">
	<input type="button" name="dos" class="boton" value="2" onclick="acumularVer(dos.value)">
	<input type="button" name="tres" class="boton" value="3" onclick="acumularVer(tres.value)">
	<input type="button" name="divi" class="boton" value="/" onclick="operacion(4)">
	<br/>
	<input type="button" name="cero" class="boton" value="0" onclick="acumularVer(cero.value)">
	<input type="button" name="punto" class="boton" value="." onclick="acumularVer(punto.value)">
	<input type="button" name="enter" class="boton" value="=" onclick="resultadoope()">
	<input type="button" name="borrar" class="boton" value="CLEAR" onclick="borrarnum()">
	<br/>
	<fieldset class="tamalegend">
		<legend>Estado</legend>
		<p id="EstadoCal"></p>
	</fieldset>
	<script type="text/javascript" src="js/calculadoraDaw1.js"></script>
	<!-- <script type="text/javascript" src="js/PruebaScript.js"></script>
	<script type="text/javascript" src="js/mensaje.js"></script> -->
</form>
</body>

</html>
```

CalculadoraMemoria.html

```html
<!DOCTYPE html>
<html>
        <!--    <script src="js/ventanas.js"></script>    -->
                <script src="js/calculadoraDAW1.js"></script>
                <script src="js/navegador.js"></script>
                <script src="js/ControlDB.js"></script>

                <script type="text/javascript">

                        /* ventanaX=0;
                        ventanaY=650;
                        self.resizeTo(ventanaX,ventanaY);
                        //self.focus();
                        */
                </script>

                <style type="text/css">
                        .boton{
                                width:80px;
                                height: 40px;
                                margin-top: 10px;
                                border-radius: 4px ;
                        }
                        input[name="intro"]{
                                height: 40px;
                                width: 160px;
                        }
                        .boton1{
                                width:120px;
                                height: 40px;
                                margin-top: 10px;
                                border-radius: 4px;
                        }
                        input[name="display"]{
                                height: 50px;
                                margin: 3px;
                                width: 350px;
                        }
                        #tamalegend{{
                                width: 450px;
                        }
                </style>
</head>

<body onkeydown="controlBorrado(event)"  onkeypress="controlnumeros(event)"  onload="usoDBxBrowser()" >
   <form name="calmemoria">
        <input type="text" id="visor" name="display" value="0" style="text-align:right" pattern="[0-
    9]+(\.[0-9]*)" >
        <input type="button" name="borrar" class="boton" value="<- Borra" onclick="borraDigito()">
        <br/>
        <p>Cambio de calculadora:
        <input type="radio" name="calbasica" value="lstorage"
        onclick="cambioCalculadora('calculadoraBasica.html',370,440)"> BASICA
        <input type="radio" name="programacion"     value="lstorage"
        onclick="cambioCalculadora('calculadoraProgramacion.html',365,660)" > Programaci&oacute;n
        <input type="button" class="boton" onclick="cerrarTodo()"  value="Close" />
        <input type="button" class="boton1"
        onclick="borrarTableSQLWEB();visualizarSQLWEB();usoDBxBrowser()"  value="Borrar WebSQL" />
        </p>
        <input type="button" name=""    class="boton"   value="x^y"  onclick="operacion(6)"  />
        <input type="button" name=""    class="boton"   value="10^x" onclick="operacion(25)"  />
        <input type="button" name=""    class="boton"   value="PI"   onclick="operacion(24)"  />
        <input type="button" name=""    class="boton"   value="log"  onclick="operacion(23)"  />
        <input type="button" name=""    class="boton"   value="ln"   onclick="operacion(22)"  />
        <input type="button" name=""    class="boton"   value="abs"  onclick="operacion(21)"  />
        <input type="button" name="" class="boton" value="random()" onclick="operacion(20)"   />
        <br/>
        <input type="button" name="arcTag" class="boton" value="arcTag()"  onclick="operacion(15)"  />
        <input type="button" name="arcCos" class="boton"  value="arcCos()"  onclick="operacion(14)"/>
        <input type="button" name="arcSen" class="boton"  value="arcSen()" onclick="operacion(13)" />
        <input type="button" name="tangente" class="boton"  value="tan()" onclick="operacion(12)" />
        <input type="button" name="coseno"  class="boton"  value="cos()" onclick="operacion(11)" />
        <input type="button" name="seno"    class="boton"  value="sen()" onclick="operacion(10)" />
        <input type="button" name="cuadrado" class="boton"  value=" x^2 " onclick="operacion(9)" />
        <br/>
        <input type="button" name="borraMC" class="boton" value="Clear SQL"  id="deleteDB" />
        <!-- onclick="borraIndexedDB()"   /> -->
        <input type="button" name="borraMC" class="boton" value=" MC " onclick="borraMemoriaMMC()"   />
        <input type="button" name="sumaresta" class="boton" value=" +/- " onclick="cambiaSigno()" />
        <input type="button" name="porcen"  class="boton" value=" % " onclick="porcentaje()" />
        <input type="button" name="mod" class="boton" value=" MOD " onclick="operacion(5)" />
```

```
<input type="button" name="sqrt" class="boton" value=" SQRT " onclick="operacion(8)" />
<input type="button" name="divi" class="boton" value="/"    onclick="operacion(4)" />
<br/>
<input type="button" name="borraMC" class="boton" value=" MR1
"onclick="recuperaValorMR('AcumulaMemoriaUno')"   />
<input type="button" name="borraMC" class="boton" value=" M1 "
onclick="asignaMemoriaNum('AcumulaMemoriaUno')"    />
<input type="button" name="leeMR" class="boton" value=" MR " onclick="leeMemoria()"   />
<input type="button" name="siete"   class="boton" value="7"   onclick="acumularVer(siete.value)"
/>
<input type="button" name="ocho"    class="boton" value="8"   onclick="acumularVer(ocho.value)"
/>
<input type="button" name="nueve"   class="boton" value="9"   onclick="acumularVer(nueve.value)"
/>
<input type="button" name="multi"   class="boton" value="*"   onclick="operacion(3)" />
<br/>
<input type="button" name="borraMC"  class="boton"  value=" MR2 "
onclick="recuperaValorMR('AcumulaMemoriaDos')"    />
<input type="button" name="borraMC"  class="boton"  value=" M2 "
onclick="asignaMemoriaNum('AcumulaMemoriaDos')"    />
<input type="button" name="asignaMS" class="boton"  value=" MS "  onclick="asignaMemoria()"  />
<input type="button" name="cuatro"   class="boton"  value="4"
onclick="acumularVer(cuatro.value)" />
<input type="button" name="cinco"    class="boton"  value="5"
onclick="acumularVer(cinco.value)"/>
<input type="button" name="seis"     class="boton"  value="6"
onclick="acumularVer(seis.value)"/>
<input type="button" name="resta"    class="boton"  value="-"    onclick="operacion(2)">
<br/>
<input type="button" name="borraMC" class="boton" value=" MR3 "
onclick="recuperaValorMR('AcumulaMemoriaTres')"   />
<input type="button" name="borraMC" class="boton" value=" M3 "
onclick="asignaMemoriaNum('AcumulaMemoriaTres')"   />
<input type="button" name="sumaM"    class="boton"  value=" M+ " onclick="sumaMemoria()"  />
<input type="button" name="uno" class="boton" value="1"    onclick="acumularVer(uno.value)"/>
<input type="button" name="dos" class="boton" value="2"    onclick="acumularVer(dos.value)"/>
<input type="button" name="tres" class="boton" value="3"   onclick="acumularVer(tres.value)"/>
<input type="button" name="suma" class="boton" value="+"   onclick="operacion(1)"/>
<br/>
<input type="button" name="borraMC" class="boton" value=" MR4 "
onclick="recuperaValorMR('AcumulaMemoriaCuatro')" />
<input type="button" name="borraMC" class="boton" value=" M4 "
onclick="asignaMemoriaNum('AcumulaMemoriaCuatro')"   />
<input type="button" name="restaM" class="boton" value="M-" onclick="restaMemoria()" />
<input type="button" name="cero" class="boton" value="0" onclick="acumularVer(cero.value)" />
<input type="button" name="punto" class="boton" value="." onclick="acumularVer(punto.value)" />
<input type="button" name="enter" class="boton" value="=" onclick="resultadoope()" />
<input type="button" name="borrar" class="boton" value=" CLEAR " onclick="borrarnum()"/>
<fieldset class="tamalegend">
        <legend>Estado</legend>
        <p id="EstadoCal"></p>
</fieldset>
</form>
<div id="verOperaciones">
<h3> Operaciones Almacenadas WebSQL</h3>
</div>
<p><h3>Operaciones INDEXEDDB </h3></p>
<div id="mostrarDatosIDB">
</div>
</body>

</html>
```

CalculadoraProgramacion.html

```html
<!DOCTYPE html>
<html>
	<head>
		<meta charset="UTF-8">
		<style>
			.boton{
				width:80px;
				height: 40px;
				margin-top: 10px;
				border-radius: 4px ;
			}

			input[name="display"]{
				height: 50px;
				margin: 3px;
				width: 220px;
			}

			.botonIgual{
				width:162px;
				height: 40px;
				margin-top: 10px;
				border-radius: 4px;
			}
			#cod{
				width: 306px;
			}
			.bot{
				margin-left: 60px;
			}
		</style>

<!-- <script type="text/javascript" src="js/conversionTipos.js"></script>        -->
		</head> <body onkeydown="controlBorrado(event)" onkeypress="controlnumeros(event)"
onload="valorVisualiza='0';valorVisualiza=convierteSistNum(valorVisualiza,baseInicial,10);
verVisualiza()">

	<form name="calprograma" action="" onload="var controlHexInicio=false;inicializaSistNum()">
		<input type="text"  name="display" id="visor" value="0" style="text-align: right;" />
		<input type="button" class="boton" onclick="borraDigito()" value="<-- Borrar" /><br/>
		<input type="checkbox" name="Memoria"   value="LocalStore Memoria"
		onclick="cambioCalculadora('CalculadoraMemoria.html',620,660) ">Memoria</input>
		<input type="checkbox" name="basico"    value="basico"
		onclick="cambioCalculadora('CalculadoraBasica.html',370,440)"> Basica
		<input type="button"    class="boton"    onclick="borrarnum()"   value="CLEAR" />
		<input type="button"    class="boton"     onclick="cerrarTodo()"  value="Close" /> <br/>
	<fieldset id="cod">
		<legend>
			Codificación
		</legend>
		<input type="radio" name="codificacion"  value="decimal"
		onclick="valorVisualiza=convierteSistNum(valorVisualiza,baseInicial,10);verVisualiza()"
		checked>Decimal
		<input type="radio" name="codificacion"  value="octal"
		onclick="valorVisualiza=convierteSistNum(valorVisualiza,baseInicial,8);
		verVisualiza()">Octal<br/>

		<input type="radio" name="codificacion"  value="binario"
		onclick="valorVisualiza=convierteSistNum(valorVisualiza,baseInicial,2);verVisualiza()">Bin
		ario
		<input type="radio" name="codificacion"  value="hexadecimal"
		onclick="valorVisualiza=convierteSistNum(valorVisualiza,baseInicial,16);controlHexInicio=f
		alse;verVisualiza()">Hexadecimal
	</fieldset>

	<br/>
	<input class="boton" type="button" id="Csigno" onclick="cambiaSigno()"  value="+/-" />
	<input class="boton" type="button" id="modulo" onclick="operacion(5)"     value="MOD" />
	<input class="boton" type="button" id="porciento" onclick="porcentaje()" value="%" />
	<input class="boton" type="button" id="suma"  onclick="operacion(1)"     value="+" />
	<br/>
	<input class="boton" type="button" id="siete" onclick="acumularVer(siete.value)"  value="7" />
	<input class="boton" type="button" id="ocho"  onclick="acumularVer(ocho.value)"   value="8" />
	<input class="boton" type="button" id="nueve" onclick="acumularVer(nueve.value)"  value="9" />
	<input class="boton" type="button" id="resta" onclick="operacion(2)"              value="-" />
	<br/>
	<input class="boton" type="button" id="cuatro" onclick="acumularVer(cuatro.value)"  value="4" />
	<input class="boton" type="button" id="cinco"  onclick="acumularVer(cinco.value)"   value="5" />
	<input class="boton" type="button" id="seis"   onclick="acumularVer(seis.value)"    value="6" />
	<input class="boton" type="button" id="multi"  onclick="operacion(3)"               value="*" />
	<br/>
```

```html
<input class="boton" type="button" id="uno"    onclick="acumularVer(uno.value)"   value="1" />
<input class="boton" type="button" id="dos"    onclick="acumularVer(dos.value)"   value="2" />
<input class="boton" type="button" id="tres"   onclick="acumularVer(tres.value)"  value="3" />
<input class="boton" type="button" id="divide" onclick="operacion(4)" value="/" />
<br/>
<input class="boton" type="button" id="cero"   onclick="acumularVer(cero.value)"   value="0" />
<input class="boton" type="button" id="punto"  onclick="acumularVer(punto.value)"  value="." />
<input class="botonIgual" type="button" id="intro"  onclick="resultadoOp()"
value="="/>
<br/>
<br/>
<input class="boton" type="button" id="a" onclick="acumularVer(a.value)"   value="A"  disabled />
<input class="boton" type="button" id="b" onclick="acumularVer(b.value)"   value="B"  disabled />
<input class="boton" type="button" id="c" onclick="acumularVer(c.value)"    value="C"  disabled
/>
<input class="boton" type="button" id="d" onclick="acumularVer(d.value)"   value="D"  disabled
/>
<br/>
<span class="bot"></span>
<input class="boton" type="button" id="e" onclick="acumularVer(e.value)"   value="E" disabled />
<input class="boton" type="button" id="f" onclick="acumularVer(f.value)"   value="F" disabled />
<br/>
<fieldset id="cod">
        <legend>
                Estado
        </legend>
<p id="estadoCalc"></p>
        <script type="text/javascript" src="js/calculadoraDaw1.js"></script>
        <script type="text/javascript" src="js/controlTeclado.js"></script>
        <script type="text/javascript" src="js/mensaje.js"></script>
</html>
```

Pruebas/miBBDDindexedDB04.html

```html
<!DOCTYPE html>
<html>
    <head>
        <meta charset="UTF-8">
        <title>IndexedDB: Almacenamiento local con HTML5 usando IndexedDB</title>
        <script type="text/javascript" src="Calcula.js"> </script>
    </head>
    <body onload="startDB();">
        <form name="miPriCalculos">
                <input type="number" id="operador1" placeholder="Primer Operando" pattern="[0-9]*"
                required="required"/>
                <br/>

                <input  list="listaOperacion" id="operando" placeholder="Elige una de estas operaciones"
                />
                <br/>
                <input type="number" id="operador2" placeholder="Segundo Operando" required="required"/>
                <br/>
                <button type="button" onclick="add();">Guardar</button>
        </form>
        <!-- lista de valore apara poder elegir con el input list -->
        <datalist id="listaOperacion">
                        <option value="+">
                        <option value="-">
                        <option value="*">
                        <option value="/">
                        <option value="%">
        </datalist>
    </body>
        <p><h3>Operaciones INDEXEDDB </h3></p>
        <div id="mostrarDatosIDB">

        </div>

</html>
```

ANEXO IV: CODIGO FUENTE JavaScript

js/calculadoraDaw1.js

```javascript
var valorVisualiza='';
var operador=0;
var resultado=0;
var operador1=0;
var operador2=0;
var teclapunto=false;
var teclaigual=false;
var noOperar=false;
var signoValor=true;
var controlHexInicio=true;
var memoriCal=0;
var controltipoMemoria=true;
var salida=false;
var errores=new Array();
var baseInicial=10;
var db;
// LLamada a la función que carga el array de la lista de errores.
// listaCodigosErrores();  error de carga no se puede llamar ???
 listaCodigosErrores();

function acumularVer(tecla) {
// body...
        keyPulsa='0';
        switch(tecla){//Switch que muestra los numeros

                case "1": case "2": case "3": case "4": case "5": case "6": case "7": case "8":  case
                "9": case "0":
                        break;
                case "A":
                        keyPulsa='10';
                        break;
                case "B":
                        keyPulsa='11';
                        break;
                case "C":
                        keyPulsa='12';
                        break;
                case "D":
                        keyPulsa='13';
                        break;
                case "E":
                        keyPulsa='14';
                        break;
                case "F":
                        keyPulsa='15';
                        break;
                case ".":
                        if(tecla==="." && !teclapunto){
                                teclapunto=true;
                        }else{
                                        return controlMsgError(errores[1]);
                        }
                        break;
                case "=":
                        if(tecla=="." && !teclaigual){
                                teclaigual=true;
                                noOperar=true;
                        }else{
                                return controlMsgError(errores[2]);
                        }
                        break;
                default:
                        return controlMsgError(errores[0]);
                        break;
        }
        if (valorVisualiza == "0") {
                // si existe una inicialización y se visualiza en el visor 0.
                // el cero no debe concatenarse, con lo cual se asigna al primer
                // caracter pulsado.
                valorVisualiza=tecla;
        } else{
                valorVisualiza+=tecla;
        }
        visor.value=valorVisualiza;
        // convertir tecla que es una cadena a un valor numerico  Number(tecla)
        // Convertir una cadena a un entero    parseInt(tecla)
        if (keyPulsa==='0'){
                indiceError=parseInt(tecla)+10;
```

```
            }else {
                    indiceError=parseInt(keyPulsa)+10;
            }
            console.log(indiceError);
            controlMsgError(errores[indiceError]);
            tecla='';
}

    function operacion(x){
            operador1=parseFloat(valorVisualiza);
            signoValor=true;
            teclapunto=false;
            valorVisualiza="0";
            visor.value=valorVisualiza;
            operador=x;
            // Si el valor pulsado es superior a 5 se invoca resultadoope()
            // son operadores diferentes + - * / .
            if (x > 6){
                    resultadoope();
            }
    }

    function resultadoope(){
            operador2=parseFloat(valorVisualiza);
            valorVisualiza="";
            switch(operador){
                    case 1:
                            resultado=operador1+operador2;
                            mensajesInteractivos();
                            controlMsgError(errores[50]);
                            break;
                    case 2:
                            resultado=operador1-operador2;
                            mensajesInteractivos();
                            controlMsgError(errores[51]);
                            break;
                    case 3:
                            resultado=operador1*operador2;
                            mensajesInteractivos();
                            controlMsgError(errores[52]);
                            break;
                    case 4:
                            resultado=operador1/operador2;
                            mensajesInteractivos();
                            controlMsgError(errores[53]);
                            break;
                    case 5:
                            resultado=operador1%operador2;
                            mensajesInteractivos();
                            controlMsgError(errores[54]);
                            break;
                    // JavaScript  Math.xx  El poblema que se plantea es que es una condición,
                    // no sabemos con qué operador estamos tratando, si con el primero o el segundo
                    case 6:
                            resultado=Math.pow(operador1,operador2);
                            mensajesInteractivos();
                            controlMsgError(errores[54]);
                            break;
                    case 7:

                            break;
                    case 8: //sqrt
                            resultado = Math.sqrt(operador1);
                            mensajesInteractivos();
                            controlMsgError(errores[55]);
                            break;
                    case 9:// x^2
                            resultado=operador1*operador1;
                            mensajesInteractivos();
                            controlMsgError(errores[59]);
                            break;
                    case 10:  // seno del angulo en radianes = angulo * pi /180
                            resultado=Math.sin(operador1);//*Math.PI)/180);
                            mensajesInteractivos();
                            controlMsgError(errores[60]);
                            break;
                    case 11:        // coseno del angulo en radianes = angulo * pi /180
                            resultado=Math.cos(operador1);//*(Math.PI/180));
                            mensajesInteractivos();
                            controlMsgError(errores[61]);
                            break;
                    case 12:    // La tangente del angulo en radianes = angulo * pi /180
                            resultado=Math.tan(operador1); //*Math.PI/180);
```

```
                        mensajesInteractivos();
                        controlMsgError(errores[62]);
                        break;
            case 13: // arco seno
                        resultado=Math.asin(operador1);// *Math.PI)/180);
                        mensajesInteractivos();
                        controlMsgError(errores[63]);
                        break;
            case 14:// arco coseno
                        resultado=Math.acos(operador1); //*Math.PI)/180);
                        mensajesInteractivos();
                        controlMsgError(errores[64]);
                        break;
            case 15: // arco tangente
                        resultado=Math.atan(operador1); //*Math.PI)/180);
                        mensajesInteractivos();
                        controlMsgError(errores[65]);
                        break;
            case 20: //
                        resultado=Math.round(Math.random()*operador1+1);
                        mensajesInteractivos();
                        controlMsgError(errores[66]);
                        break;
            case 21: //
                        resultado=Math.abs(operador1);
                        mensajesInteractivos();
                        controlMsgError(errores[67]);
                        break;
            case 22: //
                        resultado=Math.ln2(operador1);
                        mensajesInteractivos();
                        controlMsgError(errores[68]);
                        break;
            case 23: //
                        resultado=Math.log(operador1);
                        mensajesInteractivos();
                        controlMsgError(errores[69]);
                        break;
            case 24: //multiplicar o dividir por PI
                        /* resultado=Math.round(operador1);
                        mensajesInteractivos();
                        controlMsgError(errores[65]);
                        */

                        break;
            case 25: // 10^y
                        resultado=Math.pow(10,operador1);
                        mensajesInteractivos();
                        controlMsgError(errores[65]);
                        break;
            case 26: // x^y
                /*      resultado=Math.round(operador1);
                        mensajesInteractivos();
                        controlMsgError(errores[65]);
                        */
                        break;
            default:
                        controlMsgError(errores[33]);
                        // resultado="error";
                        return;
    }
    //operador1=resultado;
    //operador2='';
    verResultado();
    // valorvisualiza=resultado;
    // ctrlKeyIgual=true;

    console.log ("Modulo calculadoraDAW esSQLWEB :"+esSQLWEB+" esIndexedDB  :" + esIndexedDB);
    if (esSQLWEB && esIndexedDB){
            insertarSQLWEB();
            // window.addEventListener("load",aIndexedDB,false);
            // window.addEventListener("load",abrirIndexedDB,false);
            // abrirIndexedDB();
            console.log("llamo para abrir indexedDB");
            // window.addEventListener("load",agregarObjetos,false);
            agregarObjeto();
            //Caso esIdexedDB-false webSQL-true
    }else  if (esSQLWEB){
            insertarSQLWEB();
    }else if (esIndexedDB){
            // window.addEventListener("load",aIndexedDB,false);
            // agregarObjetos();    // problema con mozilla
            agregarObjeto();
```

```
        }else{
                return controlMsgError(errores[4]);
        }
        //
}
function porcentaje(){
        resultado=parseFloat(valorVisualiza)/100;
        verResultado();
}
function borrarnum(){
        valorVisualiza="0";
        operador1="";
        operador2="";
        operador="";
        resultado="";
        signoValor=true;
        visor.value=valorVisualiza;
        teclapunto=false;
        controlMsgError(errores[5]);
}
function verResultado(){
        visor.value=resultado;
        valorVisualiza=resultado;
}

function cambiaSigno(){
        if(signoValor){
                valorVisualiza="-"+valorVisualiza;
                signoValor=false;
        }else{
                valorVisualiza=valorVisualiza.substr(1,valorVisualiza.length-1)
                signoValor=true;
        }
        visor.value=valorVisualiza;
}
function almacenaLS(){
        localStorage.setItem("AcumulaMemoria", memoriCal);
        //Acualizar el navegador con CTRL+F5
}
function borrarLS(){
        localStorage.removeItem("AcumulaMemoria", memoriCal);
        //Acualizar navegador con CTRL+F5
}
function parseVisor(){
        return parseFloat(valorVisualiza);
}
function sumaMemoria(){
        memoriCal+=parseVisor();
        if(controltipoMemoria){
                almacenaLS();
        }
}
function restaMemoria(){
        memoriCal-=parseVisor();
        if(controltipoMemoria){
                almacenaLS();
        }
}
function asignaMemoria(){
        memoriCal=parseVisor();
        if(controltipoMemoria){
                almacenaLS();
        }
}
function leeMemoria(){
        visor.value=memoriCal;
        if(controltipoMemoria){
                numeroCal=localStorage.getItem("AcumulaMemoria");
        }
}
function borraMemoria(){
        memoriCal=0;
        if(controltipoMemoria){
                borrarLS();
        }
}
function controlAlmacenaGlobal(){
        controltipoMemoria=false;
        borrarLS();
}
function controlAlmacenaLstorage(){
                controltipoMemoria=true;
}
```

```
function asignaMemoriaNum(xLocal){
       localStorage.setItem(xLocal,parseVisor())
}
function borraMemoriaMMC(){
       localStorage.removeItem("AcumulaMemoriaUno", memoriCal);
       localStorage.removeItem("AcumulaMemoriaDos", memoriCal);
       localStorage.removeItem("AcumulaMemoriaTres", memoriCal);
       localStorage.removeItem("AcumulaMemoriaCuatro", memoriCal);
}
// Control del cambio de calculadora
function cambioCalculadora(fichero,largo,alto){
       //
       // cerrarTodo;
       // NO Cierra la ventana anteiror
       window.close();
       // intentar que desapazcan título...
       /*
window.open(fichero,'','top=150,left=150,width='+largo+',height='+alto+'status=no,directories=no,
menubar=no,toolbar=no,scrollbars=no,location=no,resizable=no,titlebar=no'); */
       window.open(fichero,'','top=150,left=150,width='+largo+'');
}

// Cerrar la calculadora
function cerrarTodo(){
       window.close();
}
function recuperaValorMR(varMr){
       valorVisualiza=localStorage.getItem(varMr);
       verVisualiza();
}
function verVisualiza(){
       console.log(controlHexInicio);
       if (controlHexInicio){
              if(!parseVisor()){
                     controlMsgError(errores[6]);
                     return;
              }else {
                     visor.value=parseVisor();
              }
       } else {
              visor.value = valorVisualiza.toUpperCase();
       }
}
function borrarValorVisualiza(){
       valorVisualiza="0";
       visor.value=valorVisualiza;
       noOperar=false;
}
function controlErrores(msg){
       visor.value=msg;
       setTimeout('borrarValorVisualiza()',2000);

}

function borraDigito(){

       let long=valorVisualiza.length;
       if(long < 1){
              console.log(" No hay más caracteres error");
              controlMsgError(errores[48]);
       }else{
              let borra=valorVisualiza.substring(0,long-1);
              valorVisualiza=borra;
              console.log(borra);
              verVisualiza();
              controlMsgError(errores[49]);
       }
}
function tecla(e){
       valorAnterior=bloquea.value;
       //si e es un valor, coge e. sino, coge event
       var evento=e ? e : event;
       //si es un evento
       var key=window.event ? evento.which : evento.keyCode;
       console.log("La tecla pulsada es: "+key);
       if(key >= 48 && key <=57){
              e.returnValue;
       }else{
              bloquea.value=valorAnterior;
              e.returnValue=false;
       }
       if(key==8){}
              //alert(key);
```

```
        }
function teclaPatron(e){
        tecla=(document.all) ? e.keyCode : e.which;
        //control de teclas especiales
        if(tecla==16) return true; //shift
        if(tecla==17) return true; //ctrl
        mipatron=/[0-9]/;
        console.log("la tecla "+tecla);
        caract=String.fromCharCode(tecla);
        console.log("valor string "+caract);
        return mipatron.test(caract);
}


function controlnumeros(e){
        let evento=e ? e : event;
        //si es un evento
        let tecla=window.event ? evento.which : evento.keyCode;
        let teclapulsada='';
        console.log('controlnumeros '+tecla);
        switch(tecla){
                case 48:
                        //salida=true;
                        teclapulsada='0';
                        break;
                case 49:
                        //salida=true;
                        teclapulsada='1';
                        break;
                case 50:
                        //salida=true;
                        if (baseInicial>2 && baseInicial<=16){
                                teclapulsada='2';
                        } else {
                                teclapulsada='';
                        }
                        break;
                case 51:
                        //salida=true;
                        if (baseInicial>2 && baseInicial<=16){
                                teclapulsada='3';
                        } else {
                                teclapulsada='';
                        }
                        break;
                case 52:
                        //salida=true;
                        if (baseInicial>2 && baseInicial<=16){
                                teclapulsada='4';
                        } else {
                                teclapulsada='';
                        }
                        break;
                case 53:
                        //salida=true;
                        if (baseInicial>2 && baseInicial<=16){
                                teclapulsada='5';
                        } else {
                                teclapulsada='';
                        }
                        break;
                case 54:
                        //salida=true;
                        if (baseInicial>2 && baseInicial<=16){
                                teclapulsada='6';
                        } else {
                                teclapulsada='';
                        }
                        break;
                case 55:
                        //salida=true;
                        if (baseInicial>2 && baseInicial<=16){
                                teclapulsada='7';
                        } else {
                                teclapulsada='';
                        }
                        break;
                case 56:
                        //salida=true;
                        if (baseInicial>8 && baseInicial<=16){
                                teclapulsada='8';
                        } else {
                                teclapulsada='';
```

```
            }
            break;
case 57:
        //salida=true;
        if (baseInicial>8 && baseInicial<=16){
                teclapulsada='9';
        } else {
                teclapulsada='';
        }
        break;
case 61:
        //salida=true;
        acumularVer("=");
        if(noOperar){
                resultadoope();
                noOperar=false;
        }else{
                controlMsgError(errores[2]);
        }
        break;
case 46:
        if (!teclapunto){
                acumularVer(".");
        }
        if(noOperar){
                resultadoope();
                teclapunto=true;
                noOperar=false;
        }else{
                controlMsgError(errores[1]);
        }
        break;
case 43:
        //salida=true;
        operacion(1);
        break;
case 45:
        //salida=true;
        operacion(2);
        break;
case 47:
        //salida=true;
        operacion(4);
        break;
case 42:
        //salida=true;
        operacion(3);
        break;
case 65:
        //Tecla A
        if (!controlHexInicio){
                teclaPulsada="A";
        }
        break;
case 97:
        // Tecla  a
        if (!controlHexInicio){
                teclaPulsada="A";
        }
        break;
case 66:
        //Tecla B
        if (!controlHexInicio){
                teclaPulsada="B";
        }
        break;
case 98:
        //Tecla b
        teclaPulsada="B";
        if (!controlHexInicio){
                teclaPulsada="B";
        }
        break;
case 67:
        //Tecla C
        if (!controlHexInicio){
                teclaPulsada="C";
        }
        break;
case 99:
        // Tecla c
        if (!controlHexInicio){
                teclaPulsada="C";
```

```
                        }
                        break;
                case 68:
                        //Tecla D
                        if (!controlHexInicio){
                                teclaPulsada="D";
                        }
                        break;
                case 100:
                        // Tecla d
                        if (!controlHexInicio){
                                teclaPulsada="D";
                        }
                        break;
                case 69:
                        //Tecla E
                        if (!controlHexInicio){
                                teclaPulsada="E";
                        }
                        break;
                case 101:
                        // Tecla e
                        if (!controlHexInicio){
                                teclaPulsada="E";
                        }
                        break;
                case 70:
                        //Tecla F
                        teclaPulsada="F";
                        if (!controlHexInicio){
                                teclaPulsada="F";
                        }
                        break;
                case 102:
                        // Tecla f
                        if (!controlHexInicio){
                                teclaPulsada="F";
                        }
                        break;

                default:
                // Se recoge el valor visor.value
                // Se procede a borrar - no está bien controlado,
                        valorVisualiza=visor.value;
                        borraDigito();
                        controlMsgError(errores[0]);
                        return evento.returnValue=salida;
                        break;
        }
        // }

        if(tecla>=48 && tecla<=57){
                //e.returnValue;
                acumularVer(teclaPulsada);
        }else if(tecla>=65 && tecla<=70 || tecla>=97 && tecla<=102) {
                acumularVer(teclaPulsada.toUpperCase());
        }
        /*
        if(tecla>=48 && tecla<=57 || tecla>=65 && tecla<=70 || tecla>=97 && tecla<=102){
                //e.returnValue;
                acumularVer(teclaPulsada.toUpperCase());
        } */
        evento.returnValue=salida;
}

function controlBorrado(e){
        let evento=e ? e : event;
        //si es un evento
        let key=window.event ? evento.which : evento.keyCode;
        let teclapulsada='';
        switch(key){
                case 13:
                        borraDigito();
                        break;
                case 8:
                        //Borrar último dígito
                        borraDigito();
                        break;
                case 127:
                        //DEL
                        borraDigito();
                        break;
        }
```

```
        }
function convierteSistNum(numero,baseA,baseD){
        let res=parseInt(numero,baseA);
        //let res=parseFloat(numero,baseA);
        console.log('numero que convierte sistema de numeracion :'+numero);
        console.log('resultado de la conversión al sistema de numeración :'+res);
        baseInicial=baseD;
        // Deshabilitar las operaciones + - * / MOD  +/-
        document.getElementById('suma').disabled=true;
        document.getElementById('resta').disabled=true;
        document.getElementById('multi').disabled=true;
        document.getElementById('divide').disabled=true;
        document.getElementById('modulo').disabled=true;
        document.getElementById('Csigno').disabled=true;
        document.getElementById('porciento').disabled=true;
        document.getElementById('intro').disabled=true;
        document.getElementById('punto').disabled=true;
        document.getElementById('visor').focus();

        switch(baseInicial){
                case 2:         //  Sistema de numeracion Binario
                // Desactivacion de todas las teclas menos el 0 y 1, que siempre están activas en
                // todos los sistemas de numeración
                        document.getElementById('dos').disabled=true;
                        document.getElementById('tres').disabled=true;
                        document.getElementById('cuatro').disabled=true;
                        document.getElementById('cinco').disabled=true;
                        document.getElementById('seis').disabled=true;
                        document.getElementById('siete').disabled=true;
                        document.getElementById('ocho').disabled=true;
                        document.getElementById('nueve').disabled=true;
                        document.getElementById('a').disabled=true;
                        document.getElementById('b').disabled=true;
                        document.getElementById('c').disabled=true;
                        document.getElementById('d').disabled=true;
                        document.getElementById('e').disabled=true;
                        document.getElementById('f').disabled=true;
                        break;
                case 8:         //  Sistema de numeracion Octal
                        document.getElementById('dos').disabled=false;
                        document.getElementById('tres').disabled=false;
                        document.getElementById('cuatro').disabled=false;
                        document.getElementById('cinco').disabled=false;
                        document.getElementById('seis').disabled=false;
                        document.getElementById('siete').disabled=false;

                        document.getElementById('ocho').disabled=true;
                        document.getElementById('nueve').disabled=true;
                        document.getElementById('a').disabled=true;
                        document.getElementById('b').disabled=true;
                        document.getElementById('c').disabled=true;
                        document.getElementById('d').disabled=true;
                        document.getElementById('e').disabled=true;
                        document.getElementById('f').disabled=true;
                        break;
                case 10:   // Sistema de numeracion Decimal
                        document.getElementById('dos').disabled=false;
                        document.getElementById('tres').disabled=false ;
                        document.getElementById('cuatro').disabled=false;
                        document.getElementById('cinco').disabled=false;
                        document.getElementById('seis').disabled=false;
                        document.getElementById('siete').disabled=false;
                        document.getElementById('ocho').disabled=false ;
                        document.getElementById('nueve').disabled=false;
                            //  Desactivacion de todas las teclas alfanuméricas  a, b, c, d, e, f.

                        document.getElementById('a').disabled=true;
                        document.getElementById('b').disabled=true;
                        document.getElementById('c').disabled=true;
                        document.getElementById('d').disabled=true;
                        document.getElementById('e').disabled=true;
                        document.getElementById('f').disabled=true;
                        break;
                case 16:  //  Sistema de numeracion Hexadecimal
                        //   Se activan todos los botones menos las operaciones
                        document.getElementById('dos').disabled=false;
                        document.getElementById('tres').disabled=false;
                        document.getElementById('cuatro').disabled=false;
                        document.getElementById('cinco').disabled=false;
                        document.getElementById('seis').disabled=false;
                        document.getElementById('siete').disabled=false;
                        document.getElementById('ocho').disabled=false;
```

```
                        document.getElementById('nueve').disabled=false;

                        document.getElementById('a').disabled=false;
                        document.getElementById('b').disabled=false;
                        document.getElementById('c').disabled=false;
                        document.getElementById('d').disabled=false;
                        document.getElementById('e').disabled=false;
                        document.getElementById('f').disabled=false;
                        break;
                //  default:
            }
        console.log(res.toString(baseD));
        return res.toString(baseD);
}
// Se estable la variable con el sistema de numeración baseInicial=10
// Por defecto se trabaja con el sistema de numeración Decimal.
        function iniSistNum(){
                var baseInicial=10;
        }

        function controlMsgError(msg){
                document.getElementById("EstadoCal").innerHTML=msg;
        }

        function listaCodigosErrores(){
                errores[0]="Tecla Enter no permitida en este momento";
                errores[1]="La expresion ya contiene un punto decimal";
                errores[2]="Tecla pulsada no valida";
                errores[3]="La tecla pulsada es: ";
                errores[4]="La tecla pulsada diferente a las permitidas ";
                errores[5]="Se inicilizo la calculcadora";
                errores[6]="Error: Valor sin definir";
                errores[7]="Error: 7";
                errores[8]="Error: 8";
                errores[9]="Error: 9";
                errores[10]="Digito pulsado 0";
                errores[11]="Digito pulsado 1";
                errores[12]="Digito pulsado 2";
                errores[13]="Digito pulsado 3";
                errores[14]="Digito pulsado 4";
                errores[15]="Digito pulsado 5";
                errores[16]="Digito pulsado 6";
                errores[17]="Digito pulsado 7";
                errores[18]="Digito pulsado 8";
                errores[19]="Digito pulsado 9";
                errores[20]="Digito pulsado A";
                errores[21]="Digito pulsado B";
                errores[22]="Digito pulsado C";
                errores[23]="Digito pulsado D";
                errores[24]="Digito pulsado E";
                errores[25]="Digito pulsado F";
                errores[26]="Error: 26";
                errores[27]="Error: 27";
                errores[28]="Error: 28";
                errores[29]="Error: 29";
                errores[30]="ERROR: Falta el primer OPERADOR";
                errores[31]="ERROR: Falta el segundo OPERADOR";
                errores[32]="ERROR: Division por CERO";
                errores[33]="ERROR: No se paso ningún código de operación";
                errores[34]="Error: 34";
                errores[35]="Error: 35";
                errores[36]="Error: 36";
                errores[37]="Error: 37";
                errores[38]="Error: 38";
                errores[39]="Error: 39";
                errores[40]="Error: 40";
                errores[41]="Error: 41";
                errores[42]="Error: 42";
                errores[43]="Error: 43";
                errores[44]="Error: 44";
                errores[45]="Error: 45";
                errores[46]="Error: 46";
                errores[47]="Error: 47";
                errores[48]="Error: Ya no hay más dígitos que se puedan borrar";
                errores[49]="Se ha pulsado la tecla: BlackSpace se ha borrado el último dígito";
        }
        function mensajesInteractivos(){
                errores[50]="El resultado de "+operador1+" +  "+operador2+" = "+resultado;
                errores[51]="El resultado de "+operador1+" -  "+operador2+" = "+resultado;
                errores[52]="El resultado de "+operador1+" *  "+operador2+" = "+resultado;
                errores[53]="El resultado de "+operador1+" /  "+operador2+" = "+resultado;
                errores[54]="El resultado de "+operador1+" modulo  "+operador2+" = "+resultado;
                errores[55]="La de la raíz cuadrada de "+operador1+" es "+resultado;
```

```
        // existe un error de  variables.
                errores[56]="Error: 56";
                errores[57]="Error: 57";
                errores[58]="Error: 58";
                errores[59]="El resultado del cuadrado de "+operador1+" es "+resultado;
                errores[60]="El seno del angulo "+operador1+" es "+resultado;
                errores[61]="El coseno del angulo "+operador1+" es "+resultado;
                errores[62]="El tangente del angulo "+operador1+" es "+resultado;
                errores[60]="El arco seno del angulo "+operador1+" es "+resultado;
                errores[61]="El arco coseno del angulo "+operador1+" es "+resultado;
                errores[62]="El arco tangente del angulo "+operador1+" es "+resultado;
                errores[63]="El arco coseno del angulo "+operador1+" es "+resultado;
                errores[64]="El arco tangente del angulo "+operador1+" es "+resultado;
                errores[65]="El arco coseno del angulo "+operador1+" es "+resultado;
                errores[66]="Da el numero "+operador1+" se calcula el número aleatorio "+resultado;
                errores[67]="El valor absoluto del número "+operador1+" es "+resultado;
                errores[68]="El logaritmo neperiano de  "+operador1+" es "+resultado;
                errores[69]="El logaritmo en base 10 de "+operador1+" es "+resultado;
        }
```

js/controlDB.js

```
var esIndexedDB=false, esSQLWEB=true;
var dbSQL="";
var incremento=1;
var db=null;
var indexedDB = window.indexedDB || window.mozIndexedDB || window.webkitIndexedDB || window.msIndexedDB;
var creadb=null;

function idNavegador(){

        var agente=window.navigator.userAgent;
        var navegadores=['Chrome',"Firefox",'Safari','Opera','Trident','MSIE','Edge',
            'Gecko','Webkit',''];

        for (var i in navegadores) {
                if(agente.indexOf(navegadores[i]) != -1){
                        //  Se devuelve en nombre del navegador
                        // return navegadores[i];
                        return   i;
                }
        }
}

function tipoBD(){
        let numMotorJS=idNavegador();
        // devuelve una cadena del valor del array  "0" sino realizar parseInt

        console.log ("esSQLWEB :"+ esSQLWEB+"esIndexedDB : "+esIndexedDB+"  num : "+numMotorJS);
        switch(numMotorJS){

                case "0":
                        esIndexedDB=true;
                break;
                case "1":
                        esIndexedDB=true;
                        esSQLWEB=false;
                break;
                case "2":
                        esIndexedDB=true;
                break;
                case "3":
                        esIndexedDB=true;
                break;
                case "4":
                        esIndexedDB=false;
                break;
                case "5":
                        esIndexedDB=true;
                break;
                case "6":
                        esIndexedDB=true;
                break;
                case "7":
                        esIndexedDB=false;
                break;
                case "8":
                        esIndexedDB=true;
                break;
                default:
                        return controlMsgError(errores[3]);
        }
}
```

```
function usoDBxBrowser(){

        //Caso esIdexedDB-true webSQL-true
     tipoBD();
        console.log ("esSQLWEB :"+ esSQLWEB+"    esIndexedDB : "+esIndexedDB);
        if(esIndexedDB &&   esSQLWEB){
                abrirSQLWEB();
        //     window.addEventListener("load",abrirIndexedDB,false);
                abrirIndexedDB();
                // aIndexedDB();
        //Caso esIdexedDB-true webSQL-false
        }else if(esIndexedDB){
                 abrirIndexedDB();
                 // aIndexedDB();
            // window.addEventListener("load",abrirIndexedDB,false);
        //Caso esIdexedDB-false webSQL-true
        }else if(esSQLWEB){
                abrirSQLWEB();
        }else{
                return controlMsgError(errores[4]);
        }
}


function abrirSQLWEB(){
        tam=4*1024*1024;
        dbSQL=openDatabase("DBCalculadora","0.1","Almacenar operaciones realizadas en la
                         calculadora",tam);
        if(dbSQL){
                //transaccion SQL
                dbSQL.transaction(function (tx){
                        tx.executeSql("Create table if not exists Calculadora(idOp integer primary key
                        autoincrement,operador1 text,operandoDB text,operador2 text)")
                });
        }
}

function insertarSQLWEB(){
        dbSQL.transaction(function (tx){

                tx.executeSql("INSERT INTO Calculadora(operador1,operandoDB,operador2) VALUES(?,?,?)",
                [operador1,operador,operador2]);
                buscarSQLWEB();
        });
}

function borrarSQLWEB(campoDelete){
        dbSQL.transaction(function (tx){

                tx.executeSql("Delete from Calculadora where idOp=(?) ",[campoDelete]);
                buscarSQLWEB();
        });
}

function borrarTableSQLWEB(){
        dbSQL.transaction(function (tx){
                tx.executeSql("DELETE  from Calculadora  where  1");
        });
}

function buscarSQLWEB(){
        dbSQL.transaction(function (tx){
                tx.executeSql("SELECT * FROM Calculadora",[],
                        function (tx,result){
                                var salida = [];
                                for (var i =0 ; i<result.rows.length; i++) {
                                        salida.push([result.rows.item(i)['idOp'],
                                        result.rows.item(i)['operador1'],
                                        result.rows.item(i)['operandoDB'],
                                        result.rows.item(i)['operador2']]);
                                }
                                visualizarSQLWEB(salida);
                        });
        });
}


function visualizarSQLWEB(opAlmacenada){
         var miEtiqueta=document.getElementById('verOperaciones');

                if(miEtiqueta.getElementsByTagName('ul').length>0){
                        miEtiqueta.removeChild(miEtiqueta.getElementsByTagName('ul')[0])
```

```
                }
        var lista= document.createElement('ul');
                for (var i =0; i< opAlmacenada.length ; i++) {
                        var eleLista= document.createElement('li');
                        eleLista.innerHTML+=" <b>Operador 1: </b> "+opAlmacenada[i][1]+
                        " <b>Operando: </b> "+opAlmacenada[i][2]+
                        " <b>Operador 2: </b> "+opAlmacenada[i][3]+
                        " <button onclick='borrarSQLWEB("+opAlmacenada[i][0]+")'>Borrar Operacion</button>
                          ";
                        lista.appendChild(eleLista);

                }
                miEtiqueta.appendChild(lista);
}


function abrirIndexedDB(){
        indexedDB = window.indexedDB || window.mozIndexedDB || window.webkitIndexedDB ||
        window.msIndexedDB;
        IDBTransaction=window.IDBTransaction||window.webkitIDBTransaction||window.msIDBTransaction;
        IDBKeyRange=window.IDBKeyRange||window.webkitIDBKeyRange||window.msIDBKeyRange;

        if (indexedDB){
                console.log("Se abrio la BD");
        }else{
                console.log("No soporta la BD");
        }
        // Crear la Base de Datos
        db=indexedDB.open("CBaldo",2);

        //Uso de los manipuladores
        console.log("Acaba de crear la BASE de DATOS CalcIndex")
        db.onupgradeneeded = function (e){
                console.log("Abriendo para Actualizar BDD : onupgradeneeded"+db.result+ "
                        "+e.target.result);
                creadb = db.result;

                object = creadb.createObjectStore("lineaBSP", { keyPath : 'id', autoIncrement : true });
                object.createIndex('Mi_clave', 'id', { unique : true});
//              agregarObjeto();
        }
        db.onsucess=function (e){
                db=e.target.result;
                console.log('Visualiza salida de onsuccess: '+ db);
        }
        db.onerror=function (e){
                //control de error
                console.log('Error al abrir la base de datos');
        }
}


function agregarObjeto(){
        // console.log('Estamos agregarObjetos '+ db.result);
        // var active = db.result;
        creadb=db.result;
        var data = creadb.transaction(["lineaBSP"], "readwrite");
        var object = data.objectStore("lineaBSP");
        var request = object.add({
                                        operando1: operador1,
                                        operador: operador,
                                        operando2: operador2,
                                        resultado: resultado
                                });
        request.onerror = function (e) {
                alert(request.error.name + '\n\n' + request.error.message);
        };
        request.onsuccess = function (e) {
        //      mostrarIndexDB;
                console.log("llamada mostrarIndexDB");
        };
        mostrar=document.getElementById('mostrarDatosIDB');
        mostrar.innerHTML="";
        var active = db.result;

        var transaction = active.transaction("lineaBSP", "readonly");
        var objectStore = transaction.objectStore("lineaBSP");
        var request = objectStore.openCursor();
        console.log("Entro en Mostrar Valores");
        request.onsuccess = function(event) {
           var cursor = event.target.result;
           if(cursor){
                console.log("es cierto cursor");
```

```
                var tableRow = document.createElement('tr');
                tableRow.innerHTML=    "<td width=85px>"+cursor.value.operando1+"</td>"+
                                       "<td width=85px>"+cursor.value.operador+"</td>"+
                                       "<td width=85px>"+cursor.value.operando2+"</td>"+
                                       "<td width=85px>"+cursor.value.resultado+"</td>"+
                                       "<button onclick='borraIndexedDB("+cursor.value.id+")'>Borrar
                                   Operacion</button>";
            mostrar.appendChild(tableRow);
                cursor.continue();
            }else {
                console.log("paso sin valor ");
            };
        };
}
/* Funciones que se encuentran  en fase desarrollo
        BorraIndexedREG()
        borraIndexedDB(id)
*/

function   borraIndexedREG(valorBorra){
        dbname="Cbaldo";

        var request = window.indexedDB.deleteDatabase(dbname);

        request.onsuccess = function() {
                console.log("Database " + dbname + " deleted!");
                request.deleteObjectStore("lineaBSP");
        };

     request.onerror = function(event) {
                console.log("deletedb(); error: " + event);
        };
}

function borraIndexedDB(id){
        console.log("Borrar IndexedDB");
        var db = window.indexedDB.deleteDatabase("lineaBSP");
        db.onupgradeneeded = function(event) {
                creadb=db.result;
                console.log("ha entrado a borrar indexedDB");
        };
        db.onsuccess = function(event){
                creadb=db.result;
                console.log("ha entrado en onsuccess a borrar indexedDB");
        };
        db.onerror = function(event) {
         console.log("deletedb(); error: " + event);
    };
}
```

js/conversionTipos.js

```
//Para la conversion de tipos usaremos el decimal como intermedio en la conversion
//Habra que bloquear las teclas/botones que no se usen en el tipo en el que estemeos
//Habra que convertir el número actual antes de la conversion
var baseInicial=10;
//Función que nos permite el paso de decimal binario
function ConDecBinario(x){
    return x.toString(2);
}
//Función que nos permite el paso de decimal Octal
function ConDecOctal(i){
    //return x.toString(8);
    return i<1?"":ConDecOctal((i-(i%8))/8)+i%8;
}
//Funcion que nos permite el paso de decimal Hexadecimal
function ConDecHex(x){
    return x.toString(16)
}
//Funcion que nos permite el paso de Binario a Decimal
function ConBinarioDecimal(x){
    return parseInt(x,2);
}
//Funcion que nos permite el paso de Octal a Decimal
function ConOctalDecimal(x){
    return parseInt(x,8);
}
//Funcion que nos permite el paso de Hexadeciaml a Decimal
function ConHexDecimal(x){
    return parseInt(x,16);
}
```

js/navegador.js

```
//   Curso : 2° DAW
//   Profesor:  Baldomero Sánchez Pérez
//   Fecha: 15-05-2017
//   Comprobar diferentes métodos y propiedades de navigator
//   Adaptación de ayudas de Mozilla y otras páginas web.

function idMiNavegador(){

        var agente=window.navigator.userAgent;
        var navegadores=['Chrome',"Firefox",'Safari','Opera','Trident','MSIE','Edge',
                        'Gecko','Webkit',''];

        for (var i in navegadores) {
                if(agente.indexOf(navegadores[i]) !- -1){
                        //  Se devuelve en nombre del navegador
                        // return navegadores[i];
                        return   i;
                }
        }
}

function verNavegador(){
        minavegador="Mi navegador actual es "+navigator.appName+" version "+navigator.appVersion;
        return minavegador;
}

function esTactil(){
        let soporte=window.navigator.msMaxTouchPoints;
        if(soporte>0){
                salida="Es tactil";
        }else{
                salida="no es tactil";
        }
        return salida;
}

function verCodigoNavegdor(){
        return window.navigator.appCodeName;
}

function verLenguajeNavegdor(){
        return window.navigator.language;
}

function verTipoMime(){
        return window.navigator.mimeTypes;
}

function verPlatafotmaHW(){
```

```
        return window.navigator.platform;
}

function verPlugins(){
        return window.navigator.plugins;
}

function estadoJava(){
        return window.navigator.javaEnabled();
}

function refrescarPlugis(){
        return window.navigator.plugins.refresh(true);
}

function noRefrescarPlugis(){
        return window.navigator.plugins.refresh(false);
}

// Visualizar información obtenida de las funciones
// en la consola

console.log("Tu Navegador es "+verNavegador());
console.log(idMiNavegador());
console.log(esTactil());
console.log(verCodigoNavegdor());
console.log(verLenguajeNavegdor());

console.log(verTipoMime());
console.log(verPlatafotmaHW());
console.log(verPlugins());
console.log(estadoJava());
```

pruebas/Calcula.js

```
var numero=1;
var indexedDB = window.indexedDB || window.mozIndexedDB || window.webkitIndexedDB || window.msIndexedDB;

var dataBase = null;

function startDB() {

        dataBase = indexedDB.open("objecto", 2);

        dataBase.onupgradeneeded = function (e) {
                active = dataBase.result;
                object = active.createObjectStore("calculaddd", { keyPath : 'id', autoIncrement : true });
                object.createIndex('by_num', 'id', { unique : true });
        };
        dataBase.onsuccess = function (e) {
                alert('Base de datos cargada correctamente');
        };
        dataBase.onerror = function (e)  {
                alert('Error cargando la base de datos');
        };
}

function add() {
        var active = dataBase.result;
        var data = active.transaction(["calculaddd"], "readwrite");
        var object = data.objectStore("calculaddd");
        var numero=Math.floor((Math.random() * 100000) + 1); ;

        valor = parseInt(document.querySelector("#operador1").value) +
                String(document.querySelector("#operando").value)+parseInt(document.querySelector("#operad
                or2").value);
        var request = object.add({
                numero: numero,
                operador1: document.querySelector("#operador1").value,
                operando: document.querySelector("#operando").value,
                operador2: document.querySelector("#operador2").value,
                resultado: valor
        });

        request.onerror = function (e) {
                alert(request.error.name + '\n\n' + request.error.message);
        };

        data.oncomplete = function (e) {
                document.querySelector("#operador1").value = '0';
                document.querySelector("#operando").value = '+';
                document.querySelector("#operador2").value = '0';
```

```
                alert('Objeto agregado correctamente');
        };
mostrar=document.getElementById('mostrarDatosIDB');
mostrar.innerHTML="";
var active = dataBase.result;

var transaction = active.transaction("calculaddd", "readonly");
var objectStore = transaction.objectStore("calculaddd");
var request = objectStore.openCursor();
console.log("Entro en Mostrar Valores");
request.onsuccess = function(event) {
        var cursor = event.target.result;
        if(cursor){
                console.log("es cierto cursor");

                var tableRow = document.createElement('tr');
                tableRow.innerHTML= "<td width=85px>"+cursor.value.numero+"</td>"+
                                    "<td width=85px>"+cursor.value.operador1+"</td>"+
                                    "<td width=85px>"+cursor.value.operando+"</td>"+
                                    "<td width=85px>"+cursor.value.operador2+"</td>"+
                                    "<td width=85px>"+cursor.value.resultado+"</td>";
                                    mostrar.appendChild(tableRow);
            cursor.continue();
        }else {
                console.log("paso sin valor ");
        }
    }
}
```

ANEXO V: Fichero manifiesto HTML5

calculadora.appcache

```
CACHE MANIFEST
# fecha de creaccion: 2017/04/28
# Contenido de las entadas por defecto
# Se cargan de forma explicita.
index.html
css/estilos01.css

FALLBACK:
#

# Carga por defecto en red de todos los ficheros.
NETWORK:
*

# carga adicional en cache
CACHE:
calculadoraBasica.html
CalculadoraMemoria.html
CalculadoraProgramacion.html
js/calculadoraDaw1.js
js/conversionTipos.js
js/ControlDB.js
js/navegador.js
js/controlTeclado.js
```

BIBLIOWEB

DOCUMENTACIÓN ORIGINAL y desarrollos HTML5, javascript, CSS.
https://developer.mozilla.org/es/docs/Web/API
https://html.spec.whatwg.org/multipage/webstorage.html#dom-storage-removeitem
http://www.aprenderaprogramar.com
https://danielabregocds.wordpress.com/codigo-ascii/
https://www.w3schools.com/jsref/
https://salinasjavi.wordpress.com/2010/06/09/codigos-javascript-del-teclado-keycodes/
https://www.javatpoint.com/
http://blog.koalite.com
https://www.w3.org/TR/IndexedDB/
https://rolandocaldas.com/html5/indexeddb-tu-base-de-datos-local-en-html5
https://developer.mozilla.org/es/docs/IndexedDB-840092-dup/Usando_IndexedDB
https://desarrolloweb.com/articulos/aplicaciones-offline-appcache-indexeddb.html
http://www.webdevout.net/
http://kangax.github.io/compat-table/es6/

NAVEGADORES
https://eunyre.wordpress.com/2013/10/07/diferencias-y-clasificacion-de-navegadores-y-buscadores/
https://www.html5rocks.com/es/tutorials/internals/howbrowserswork/#The_browser_main_functionality
https://www.pedroventura.com/desarrollo-web/motores-de-navegadores-web-gecko-trident-webkit-y-otros/

CONTROL DE TECLAS
https://developer.mozilla.org/es/docs/Mozilla/Tech/XUL/Tutorial_de_XUL/Atajos_de_teclado

UTILIDADES EN LA WEB
https://www.mathway.com/Algebra
http://www.htmlpoint.com/javascrip t/

REFRENCIAS BIBLIOGRÁFICAS
http://www.frasesgo.com/autores/frases-de-steve_wozniak.html
http://www.variablenotfound.com/2008/02/101-citas-clebres-del-mundo-de-la.html

www.ingramcontent.com/pod-product-compliance
Lightning Source LLC
Chambersburg PA
CBHW081046180526
45170CB00005B/1723